4th edition

FACES IN MAKE UP

천지연 · 노선옥 · 이귀영 · 이영애
김정희 · 강명주 · 홍수경

청구문화사

머리말

인류의 역사와 함께 발전을 거듭해 온 화장은 현대에 이르면서 다른 대중문화와 함께 그 문화적 중요성이 더더욱 커지고 있으며, 인간의 미적 가치를 나타내는데 있어서 매우 중요한 역할을 할뿐만 아니라, 산업적으로도 그 부가가치가 날로 증대되고 있는 분야이다.

메이크업은 색과 선과 면과 향기로써 외적인 아름다움 뿐만 아니라, 그 사람의 개성을 비롯한 정신적인 내면의 특성을 얼굴에 표현하는 생산적이자 창의적인 예술 기법이다.

즉 메이크업은 내적인 아름다움을 외적으로 표출해 낼뿐만 아니라 외적인 변화를 통해 정신적인 내면에까지 영향을 주기도 하는 과학이자 예술인 것이다. 따라서 메이크업으로 최상의 아름다움을 연출해 내기 위해서는 메이크업이 민족별, 시대별로 변모해 온 발자취와 특징들을 정확히 파악하고, 색채와 얼굴 구조의 이해, 과학적인 지식과 기술이 함께 요구된다.

이번 개정판에서는 이러한 관점에서 다양한 내용들이 다루어졌으며 특히 색채디자인 부분과 아트 메이크업 부분을 기초부터 응용까지 체계적으로 정리하여 추가하였다. 따라서 기초 메이크업부터 테마 메이크업, 이미지 메이크업, 아트 메이크업을 배우는 데 있어서 부족함이 없는 교재라고 감히 자부할 수 있다.

그동안 이 책이 출간된 이후, 격려를 아끼지 않으신 많은 분들께 감사드리며 앞으로도 여러 선배제현들의 지도편달을 받아 발전해 가는 여러 이론들과 방법들을 지속적으로 연구하여 수정 · 보완해 나아갈 것을 약속드리며 각별한 애정과 성원을 부탁드린다.

끝으로 이 책이 출간되기까지 여러 가지 도움을 주신 주위의 많은 분들과 앞서가는 컨셉의 아름다운 책를 디자인해 주신 김영규 교수님, 그리고 출판을 맡아 애써 주신 靑丘文化社 李相泰 사장님과 임직원들께 깊이 감사를 드린다.

2013년 3월
저자 일동

메이크업

얼굴의 프로포션

색채

테마 메이크업

이미지 메이크업

아트 메이크업

Ⅰ. 메이크업

1. 메이크업의 정의
2. 메이크업의 기원
3. 메이크업의 역사

1. 메이크업의 정의

그리스어 코스메티코스 *Cosmeticos*에서 유래된 코스메틱 *Cosmetic*은 어떤 대상을 잘 정리하고 감싼다는 뜻이다. 따라서 화장품 *Cosmetic*이란 인간의 모습을 잘 정돈하여 보다 조화롭게 꾸미는 도구를 말하는 것이다.

미국의 세계적인 미용연구가 크리스틴 발미 *Christine Valmy*는 코스메틱은 과학이며 동시에 예술이라고 했다. 곧, 인체에 대한 과학적인 지식과 기술을 바탕으로 각 개인에게 맞는 화장방법을 디자인하는 것이기 때문이다.

17세기 영국의 시인 리챠드 크랏쇼 *Richard Crashou*는 여성의 매력을 높여주는 화장을 뜻하는 단어로써 메이크업 *Make up*이라는 용어를 처음 사용하였는데 현대적인 의미의 메이크업의 개념은 여배우들의 화장효과가 중시된 미국의 헐리우드 전성기 때부터 본격적으로 사용되었다고 볼 수 있다. 미국의 메이크업 헤어 연출가 집안인 *Westmore*家에서 집필한 *The Beauty Book*에 의하면 미는 우연히 생성될 수 없고 마음으로부터 시작하는 것이며 메이크업은 자기 자신의 심리학이라고 했으며, 슈에무라는 메이크업은 소비적인 것이 아니라 밝고 생산적인 것이라고 했다.

결국 메이크업은 인간의 미를 단순히 외적인 측면에서만 가꾸는 작업이 아니라 내면의 정신적인 아름다움과 가치까지 표현해내는 생산적인 차원의 예술이며 과학인 것이다.

2. 메이크업의 기원

1) 장식설

아마존강 상류에 사는 카두베이족은 온몸을 문신으로 장식하는 것을 통해 자신의 정체성을 찾아간다. 인류 최초의 화장의 목적은 장식이라는 설이 지배적인데 원시시대에는 피부에 상처를 내거나 문신을 새기는 것으로서 메이크업을 대신하였다.

인간이 아름답게 보이고자 하는 욕구는 현대에 이르기까지 계속되고 있는데, 이러한 장식을 위한 화장행위는 대인관계에서 타인에게 자신을 효과적으로 드러내기 위해서, 또는 자신감이나 만족감 같은 심리적인 효과의 극대화를 위해서도 아주 효과적인 것이며 때로는 심리적인 치료효과를 위해서도 사용되는 적극적인 가치창조의 행위이다.

2) 신분 표시설

다른 사람과 다른 나만의 존재에 대한 주장을 위해서, 또는 신이나 동물처럼 강한 존재가 되고자 하는 욕구를 나타내거나 사회적 지위, 소속집단 등을 표시한 것이 화장의 기원이 되었다.

원시사회에서 전사들이 전쟁 전에 전신에 장식한 메이크업은 용맹한 능력의 상징이 되었고 또한 정복자가 피정복자에게 예속을 과시하기 위해 화장을 강요하는 관습은 미개사회에서 아직도 쉽게 발견된다. 그리고 신체를 변형하거나 문신, 채색 등으로 장식함으로

그림 1-1.
기원전 7000~6000년 경에 그려진 동굴 벽화는 몸에 화장을 한 고대인의 모습을 보여주고 있다. 권위를 나타내는 머리장식과 함께 점으로 표현한 문신 또는 바디페인팅은 메이크업의 장식설을 뒷받침해준다.

써 성인이 됨을 상징하기도 했다. 또한 메이크업은 미혼과 기혼의 표시기능도 가졌으며 경제적으로 격차가 생기면서 화장재료의 희소성이나 차별성으로서 신분 구별의 수단이 되기도 했다.

그림 1-2.
파푸아뉴기니아 *Papua New Guinea*의 여인이 제식을 위해 격식을 갖추어 화장을 한 모습이다. 신에 대한 예의 또는 신을 맞이 할 자격을 갖추기위해 화장이 종교적으로 이용되고있다.

3) 종교설

고대에는 초자연과의 융합을 위하여 가면을 착용하였는데, 이 가면은 자연의 초자연적인 힘으로 위장하거나 악령으로부터 자신을 보호하기 위한 목적이었다. 이러한 가면과 함께 얼굴 등의 신체에 직접적으로 채색을 하는 방법이 광범위하게 이루어졌는데 전투에 나가는 전사들은 승전을 위하여, 환자들은 질병을 쫓아내기 위해서 다양한 안료로 치장하였다. 적색, 흰색, 검정색, 다홍색 등의 안료가 많이 사용되었으며 적색이 가장 많이 쓰여진 것을 볼 수 있다.

단군신화에 우리 조상이 향의 원료가 되는 나무인 박달나무를 신성시 여겼던 것을 볼 수 있는데 이것은 안료뿐 아니라 향을 함께 이용하여 정령 또는 신과 의사소통을 하려 했던 고대인들의 제사습속의 흔적으로 보여진다.

최근까지도 강원도 산간지방에서는 전염병이 유행할 때 이마에 붉은 동그라미를 그린다거나 제주도에서는 갓난아기의 첫 나들이 때 이마와 콧등에 숯검댕이를 발랐던 것을 볼 수 있는데 이것은 주술적인 목적으로 향을 사용하고 화장을 했다는 학설을 뒷받침해 주는 좋은 증거가 된다.

4) 보호설

인간이 위험으로부터 자신을 보호하기 위하여 화장을 했다는 학설이다. 예를 들어 고대 이집트 여인은 검정색 코울 *Kohl*을 이용한 눈화장술로써 강한 바람이나 곤충, 모래, 태양광선으로부터 자신의 눈을 보호했고 곤충들로부터 피부를 보호하기 위하여 향료를 사용하기도 하였다.

현대에 와서는 일광욕을 즐기기도 하지만 공해도 늘고 환경이 훼손됨에 따라 태양빛으로부터 피부를 보호하기 위해서, 또는 야외활동시 곤충으로부터 피부를 보호하기 위해 화장품이 사용되고 있다. 실제로 베트남 전쟁시 미군들을 위하여 이러한 목적의 화장품이 개발된 예가 있으며 최근에는 더욱 다양한 기능성 화장품들이 피부를 보호하기 위한 목적으로 개발되고 있다.

5) 본능설

정원새는 상대방의 호감을 사기위해 자신의 몸 뿐만 아니라 자신의 영역을 정교한 정원으로 가꾸어 놓기 때문에 붙여진 이름이다. 이렇게 자연계의 모든 생명체들은 자신의 존재를 더욱 드러나게 함으로써 자신의 종족을 이어나가려고 하며 이러한 본능적인 행동은 인간에게도 예외일 수 없다.

인간도 나이나 성별에 관계없이 누구나 남에게 아름답게 보이고자 하는 본능적인 과시욕구가 있다. 특히 여성은 인류가 농경사회로 접어들고 정착생활을 함에 따라 남녀간에 노동의 분화가 이루어지고 여성의 아름다운 용모가 중시됨에 따라 이성의 관심을 끌기 위해 화장에 대한 필요가 더욱 커졌으며 현대에 이르러 이러한 '남보다 아름답게' 보이고자 하는 욕망은 남녀를 막론하고 더욱 다양하고 섬세하게 강화되고 있는 추세이다.

3. 메이크업의 역사

1) 서양

(1) 고대 (이집트, 그리스, 로마)

얼굴이나 몸을 장신구로 치장하고 향료를 뿌리고 안료로 채색을 하거나 문양을 그리고 또한 머리를 염색하는 등의 메이크업의 역사는 아주 오랜 시대까지 거슬러 올라간다. 실제로 고고학자들은 이미 기원전 6000년 전의 이집트 유물에서 얼굴이나 눈에 화장을 하기 위해 안료를 잘게 깨거나 섞을 때 썼던 팔레트를 찾아내었다.

고대 이집트에서는 기원전 4000년에 이미 미용실이나 향료 제조공장이 번성했고 메이크업 기술도 매우 발달하여 널리 퍼져 있었다. 당시에 사랑받던 아이섀도는 그린 계열의 색조였으며 립스틱은 블루블랙, 볼연지는 빨강이 많이 사용되었다. 상류층 여성들은 손가락이나 발을 주황색인 헤나(부처꽃과의 식물) 염료로 염색하고 있었다고 전해지며, 가슴을 드러내는 시대였기 때문에 가슴과 관자놀이의 혈관을 푸른색 안료로 선명하게 드러내었고 유두는 금색으로 칠하여 엑센트를 주었다.

특히 고대 이집트인들은 메이크업의 최대 포인트로 눈에 초점을 맞추고 있었는데, 눈은 몸의 어느 부분보다 마음속의 감정을 잘 나타내므로 특히 정성스럽게 화장하였던 것 같다. 그들은 공작석 가루나 청록색의 동광석으로 만든 녹색 아이섀도를 즐겨 칠했는데 벽화 등에 남아있는 자료를 보면 눈꺼풀의 위 아래의 양쪽을 다함께 진하게 발랐다.

또 아이라인을 그리거나 눈썹, 속눈썹을 진하게 하기 위해 코울 *Kohl*이라는 검은 페이스트 *Paste*를 사용하여 물고기 형태로 눈꼬리를 늘여 그렸는데 이 성스러운 매의 날카로운 눈은 암흑에 대한 빛의 투쟁을 의미했다.

앤티머니 *Antimony* 가루와 소성아몬드, 검은색 산화동, 붉은색 흙 등을 섞어 반죽한 것을 침으로 적셔서 상아나 나무 또는 금속제의 스틱에 발라 눈화장의 재료로 사용하였는데 이것은 현재 사용하고 있는 눈썹연필과 크게 다르지 않는 것이었다. 이러한 고대 이집트인들의 눈화장술은 원래 바람이나 곤충, 모래, 강렬한 태양광선으로부터 눈을 보호하기 위해 눈가에 칠하던 것이 점차 장식적으로 발전된 것으로 다양하고 분명한 목적과 기능을 갖고있는 창조적 행위로 변해갔다.

그림 1-3.

테베 소재 무덤의 프레코스화는 고대 이집트의 메이크업의 방법을 생생하게 보여주고 있는데 미용을 주재하는 토드와 기형적인 난쟁이 베스베스의 가호아래, 하녀들은 여주인을 씻고 안마하였다. 안마와 메이크업의 방법은 상당히 복잡하여 관절을 꺽어 풀어주기도 했고 부피감을 주기 위해 엉덩이를 때리는 일도 서슴지 않았다. 또한 가발 위에 얹힌 향유병의 향료는 태양열에 의해 서서히 녹도록 하여 온몸으로 흘러내리게 하였다.

그림 1-4. 투이부인의 가발

비단이나 말총, 진짜 머리카락 등으로 웨이브를 주거나 땋아 내린 가발은 금실로 장식되기도 했다.

그림 1-5.

'아르마니아 소녀'의 비대칭적인 머리 모양은 아케나튼 시대의 특징인 정형성에 대한 반발을 보여준다.

상류 이집트인들은 남녀 모두 눈주위를 반짝거리게 하는 아이글리터를 붙였는데 풍뎅이의 딱딱한 황금빛 날개를 주발에 넣고 거칠게 부수어서 공작석 아이섀도와 섞은 것으로 신비스러운 권위를 느끼게 해 주었다. 남녀 모두 가발도 즐겨 사용하였는데 그물로 된 캡 *Cap*에다 가발재료를 땋거나 간추려 엮어서 부피를 크게 부풀려 만들었으며 남자들은 완전히 머리카락을 밀어낸 위에, 여자들은 짧게 깍아낸 머리 위에 얹었다. 머리와 캡 사이에 공간이 있어 머리에서 생기는 열이 발산되고 통기도 되어 현대의 가발보다 더욱 실용적인 디자인이라고 볼 수도 있다.

가발재료로는 초기에는 린넨 *Linen*이나 종려나무 섬유를 사용하다가 나중에는 울 *Wool*이나 사람의 머리카락을 사용하였는데 가발의 색은 일반적으로 검정색이 많고 때로는 진한 청색, 또는 황금색으로 물들이기도 하였다.

여자의 가발은 남자의 것보다 보통 길어서 어깨나 가슴 위까지 땋았고 땋는 방법, 가리마를 내는 위치, 묶는 방법, 같이 엮는 장식품에 따라 그 모양이 다양하였다.

이집트의 메이크업 기술을 수입해 바로 흉내낸 로마인과는 달리 그리스인들은 화장하지 않은 맨얼굴을 좋아했다. 남자다움과 동양적 개념의 풍류를 이상적으로 생각했던 그리스 사회에서 발전한 것은 학문과 육상경기였으며 장식하지 않고 치장하지 않는 남성이야말로 이상적인 남성상으로 여겨졌다.

일반 여성들도 기초적인 피부손질 외에 거의 메이크업을 하지 않았으나 나라에서 인정하는 대규모의 창부들은 매우 짙은 화장을 하였다. 이들의 화장술은 대부분 이집트에서 전래된 것으로서 연백을 짙게 칠한 얼굴에 볼연지와 입술연지를 사용하고 눈썹을 길게 그렸으며 인조 눈썹을 사용하기도 하였다.

또 입냄새를 없애려고 입안에 방향액이나 방향유를 넣고 혀로 굴리다가 삼키지 않고 적당한 때 뱉어냄으로써 좋은 냄새를 풍겼다.

또 그리스의 창부들에게서 흑발보다 금발을 좋아하는 금발선호사상이 처음으로 등장하는 것을 볼 수 있는데 금발은 순결과 사회적 지위의 높음, 성적 매력을 뜻했기 때문에 창부들은 노란 꽃이나 화분에 칼륨을 섞고 사과향을 첨가한 포마드로 머리색을 금색에 가깝게 만들었다. 곧 메이크업을 통해 현실세계에서 누릴 수 없는 신분의 상승, 육체적인 완전한 아름다움 등을 간접적으로라도 소유하려고 한 것으로 메이크업의 본질을 원형적으로 보여주는 좋은 사례가 된다.

로마시대에는 귀족 남성들의 모든 사교활동이 목욕탕을 중심으로 이루어졌다고 말해도 될만큼 그 당시의 목욕문화는 사교계의 중요한 역할을 하였다. 남녀 모두 메이크업을 하였고 양볼과 입술에는 붉은 염료를 발랐으며 증기탕이나 향유, 마사지, 향수 등으로 피부를 가꾸는 것이 유행하였고 상류계급의 여성들도 노예들에 의해 가사에서 해방되어 주로 몸을 단장하고 가꾸는데 많은 시간을 보냈으며 특별히 훈련된 노예들에게 화장품을 만들게하여 화장을 전담시켰다.

로마의 네로황제의 부인인 포파에어 사비나의 화장술은 당시의 메이크업이 얼마나 사치스럽게 발달했는지를 단적으로 보여주는데 그녀는 동물의 지방이나 벌꿀, 곡식의 가루를 갈아서 으깬 것을 우유에 섞어 얼굴에 바르고 다음날 아침 씻을 때는 당나귀 젖으로 씻어냈다고 한다.

그림 1-6. 풍요의 여신

이 가발은 아주 가늘게 땋은 머리채를 엮은 것으로 외모와 액세서리에 신경을 쓰는 문화를 대표한다. 관능적인 느낌을 주는 이 가발은 사회적 위치를 나타내기도 하였다.

그림 1-7. 이집트 여인의 초상

눈과 속눈썹을 검게 칠한 기원 후 3세기 미이라의 관에 그려진 이집트의 여인의 초상은 고대 이집트 여인의 아름다움을 보여준다.

(2) 중세

로마제국이 붕괴하면서 유럽문화는 기독교 중심으로 재편되며 종교가 사람들의 의식과 생활관습에 절대적인 영향을 미쳤다. 더구나 교회에서는 가발 사용과 화장을 엄격히 금지하였으며 다만, 창부같은 직업여성과 특정한 직업을 가진 예능인 만이 화장을 하였다. 향료도 주로 주로 종교의식에 쓰였고, 왕족 가운데서도 극히 소수에게만 사용되었다.

이러한 유럽과는 대조적으로 동방에서는 아라비아인이 그리스, 로마의 기술을 연구하고 동시에 인도와 페르시아의 지식과 문화를 흡수하여 연금술, 약학, 식물학 등 다양한 분야에서 수준있는 문화를 형성하였다. 또한 생리, 보건연구도 많이 진전되어 목욕, 식이요법, 마사지 운동 등의 효과를 강조하였으며, 화장품이나 향유도 그저 바르는 수준을 넘어서 보다 과학적이고 효과적으로 사용하려는 연구가 이루어졌다.

머리모양은 자연스러운 웨이브의 아름다움을 중시했던 그리스나 로마인들과 달리 머리에 쓰는 관이나 장식 등을 중요시 했다(그림 1-7). 따라서 여자의 머리모양은 8세기 이후로는 머리자체의 형태보다 머리장식이 발달하게 되었으며 고딕시대부터 더욱 본격적인 발달을 보게 되었다.

젊은 여자는 머리를 느슨하게 늘어뜨리고, 결혼한 여자는 중앙에서 나누어 땋아서 양귀를 덮어 정돈하였다. 여기에 토크 *Touque*형의 관을 쓰기도 하고, 머리 전체나 양옆의 땋은 머리에다가 금, 은, 견사와 보석으로 장식한 그물망 *Net*을 덮어 쓰기도 하였다.

그림 1-8.

중세에는 자연스러운 머리결 보다는 머리에 쓰는 관이나 장식 등에 더욱 관심을 갖었다.

그림 1-9. 마돈나 (프라 필리포리피. 1456년 作)

15C의 우아한 머리장식은 여성의 아름다움을 더욱 돋보이게 해 주었다.

그림 1-10. 플랑드르의 여인

이 여인이 과시하는 빛나고 넓은 이마는 그 당시의 필수조건으로 동그랗게 머리카락의 경계를 정한 이마는 보는 이의 시야를 넓게 했다. 부인들은 웅황(천연으로 나는 등황색 비소 화합물)과 생석회 또는 기름에 끓인 석회의 혼합물을 뽑아낼 머리카락에 바르고 일단 머리의 털을 제거한 후에는 보기 흉한 털이 다시 자라나지 않도록 박쥐나 개구리의 피, 독, 당근즙, 식초에 절인 양배추를 태운재 등을 발랐다.

(3) 르네상스시대

르네상스 시대는 신을 중심으로 한 중세로부터 인간의 의식이 자유를 얻기 시작하여 인간존중, 개성의 해방을 목표로 하는 한편, 그리스 로마의 고전문화 부흥을 표방한 이른바 문예부흥기이다. 히포크라테스시대 이후 의학 부분에 속해있던 향장학이 하나의 독립된

그림 1-11. 엘리자베스 1세

엘리자베스 1세의 등장은 화장의 역사에 새로운 이정표를 마련했다. 그녀는 금기와 금욕의 터부를 무너뜨리고 화장을 여성들에게 돌려주었다.

분야로 발전하게 되었으며 십자군 전쟁으로 인하여 동서양 문물의 교류가 활발해짐에 따라 산화철, 진사, 탄산납 등 새로운 색소들이 동방으로부터 많이 수입되어 유화염료 메이크업 등에 사용되기 시작하였으나 초기에는 화장품 사용이 여전히 제한적이었다.

당시의 이상적인 미의 전형은 창백하고 투명한 피부에 넓은 이마를 가진 여성이었으며 이로 인해 눈썹과 이마의 머리카락을 뽑거나 면도해 없애버리고 뺨과 입술에만 가볍게 색조화장을 하였다. 메이크업이 얼굴의 구조와 용모의 섬세함을 강조하는데 사용되었다는 것은 화장과 인간의 미와의 새로운 관계를 보여주는 것이다.

그러나 엘리자베스 1세(16세기 후반)의 등장으로 인해 유럽의 여성들은 화장의 역사를 다시 쓰기 시작한다. 엘리자베스 1세는 이탈리아 화장품과 화장법을 받아들여 두껍게 분칠을 하여 창백하게 하였으며 입술과 머리색은 붉게 물들여 강한 대조를 연출하였는데 기독교적 교리에 의해 가두어지고 감추어졌던 여성의 미에 대한 욕구가 자유를 찾기 시작한 것이다.

(4) 바로크시대

17세기는 정치적으로는 군왕주의의 절대주의 시대에 해당되며 사상적으로는 기독교사상의 지배에서 벗어난 계몽사상의 개화기이다. 16세기의 균형과 조화를 이상으로 삼았던 르네상스 양식과는 달리, 열정적이고 자유로운 정신속에서 자유분방함이 분출되었다. 생명의 율동감이 강하게 나타나는 곡선의 과장된 형태, 호화로운 장식, 화려한 색채 등 르네상스 양식에 대해 의식적으로 대항한 것 같은 정열적이고 조화보다는 율동과 생동감을 강조한 새로운 양식이 나타나게 되었다.

그림 1-12. 소녀 마리 테레즈 (벨레그케즈, 1651년 作)

분을 바른 뽀얀 얼굴과 발그레한 볼연지가 17세기 바로크의 새로운 메이크업 스타일의 탄생을 보여준다.

이러한 바로크양식의 최초 발상지는 이탈리아였지만 실제 전개의 중심지가 된 것은 당시 세계 제 1의 해양국으로 번성한 에스파니아와 네덜란드, 영국 그리고 프랑스였다.

17세기 프랑스 궁정에서는 미인의 기준이 인위적 기교와 속박에서의 해방이라는 새로운 가치로 정립되면서 분을 바른 얼굴과 천사의 고결함을 상징하는 발그레한 볼이라는 유행을 탄생시켰다.

바로크적 아름다움의 주창자이자 이탈리아식 모범을 프랑스 궁정에 들여온 카트린느 드 메디치는 금발의 광택없는 흰 얼굴빛, 투명한 피부, 하얀 손과 섬세한 귀족적인 자태를 새로운 미인의 기준으로 제시하였고 오래지 않아 이러한 바로크적 기준은 전유럽에 걸쳐 거스를 수 없는 새로운 물결이 되어 퍼져나갔다.

이렇듯 아름답게 보이고자 하는 여성들의 본능이 바로크의 풍요로운 시대정신과 함께 짧은 시간 동안 메이크업의 엄청난 변화를 초래하여 비현실적인 중세풍의 금욕과 절제는 순식간에 사라지고 여인들은 자신의 아름다움을 자유롭게 표현하기 시작했다.

바로크 이후 중세의 어리고 갸날픈 미인은 자취를 감추었으며 따뜻한 혈색에 크고 검은 눈을 지니고 홍조를 띤 얼굴, 장미꽃같은 정열적인 입술, 살이 통통한 풍만한 여인이 새로운 미인의 기준으로 확립된 것이다.

그림 1-13. 튈르리 공원에서 담소하는 여인들

바로크시대에는 패치로 붙이는 달, 초승달, 혜성 같은 모양을 한 애교점이 인기를 끌었다. 애교점은 붙이는 위치에 따라 의미가 달랐다. 눈 근처는 '뇌쇄적', 웃음으로 생기는 주름 위는 '쾌활', 입술 위는 '장난기 있음', 이마위는 '위엄 있음', 볼 위는 '친절', 아랫입술 아래는 '신중' 등이 있다. 튈르리 공원에서 담소하는 여인들도 애교점을 붙이고 있다. 손에 든 것은 햇볕을 막기 위한 가면이다.

17세기 후반에는 얼굴에 패치 *Patch*를 붙이는 메이크업도 유행하였는데 이 패치는 테퍼타 *Taffeta*, 벨벳 *Velvet* 등의 헝겊을 작은 원이나 별 또는 초생달 형태로 잘라서 풀로 붙였으며 잘 떨어졌기 때문에 상자에 넣어 가지고 다니다가 떨어지면 다시 붙였다고 한다.

아름답게 꾸미고자하는 욕망이 지나쳐 장식과잉으로 나타난 이러한 패치는 억눌려 있다가 출구를 찾게된 여성의 본능이 과도하게 표현된 경우지만 메이크업의 본질을 단적으로 보여주는 좋은 예가 된다.

(5) 로코코시대

로코코 *Rococo*의 어원은 프랑스어의 로카이유 *Rocaille*와 코키유 *Coquille*로 이는 정원의 장식으로 사용된 조개껍데기나 작은 돌의 곡선을 의미한다. 이 곡선의 감각은 잔잔히 흐르는 듯한 또는 경쾌히 춤추는 듯한 선의 감각적인 표현이 두드러진 양식으로 우아함, 여성미, 귀족다움 그리고 인공적이라는 특색을 지닌다.

로코코시대의 여자들은 17세기와 마찬가지로 두텁게 화장했는데 당시 유행한 백색가발에 맞추어 얼굴을 매우 희게 강조하였다. 흰빛의 창백한 피부에 뺨의 위치보다 약간 밑에 볼화장을 하고 깨끗하고 밝게 강조한 눈썹, 장미꽃 봉우리 같은 입술이 이 시대의

그림 1-14. 앙리에트

중산계급의 여인들은 볼위에 연지를 엷게 발랐으나 베르사유 궁전의 공주들(루이 15세의 딸 앙리에트)은 짙게 발랐다. 뿐만 아니라 베르사유는 남녀를 불문하고 연회에 참석하는 모든 이들에게 화장을 하도록 요청했다.

그림 1-15. 보포트 공작부인의 초상(게인즈버러)

그림 1-16. 퐁파두르 부인(에프부쉐, 1759년 作)

전형적인 미인의 기준이 되었으며 바로크 양식이 보다 정교하고 인위적인 형태의 양식으로 발전해간 것으로 보인다.

화장은 공식적인 사교모임을 위해서는 필수적인 요소로 남성에게도 여성과 같이 화장이 요구되었으며 백납분으로 얼굴을 하얗게 표현하고 볼과 입술에 루즈를 발랐다. 특히 이 시기에는 향수와 펜슬타입의 향기나는 립스틱도 등장하여 메이크업의 재료와 도구가 다양해지기 시작한다. 그러나 백납분은 인체의 피부에 치명적인 것으로 일부 역사학자들이 로마 멸망의 한 원인으로 주장할 정도로 건강에 있어 심각한 부작용을 가져왔으며 로코코시대에서도 이러한 문제점은 여전히 개선되지 못했다.

바로크시대에 시작된 패치의 사용은 더욱 유행하여 검거나 붉은 실크로 만들어진 여러 가지 형태가 흉터나 결점을 감추거나 얼굴을 더 하얗게 돋보이기 위해 사용되었으며 아교를 사용하여 붙여서 풀로 붙이던 바로크시대의 패치에 비하여 잘 떨어지지 않았다.

또한, 촉촉하게 빛나는 눈빛을 위해 가지과에 속하는 벨라도나 *Belladona*의 즙을 이용하여 눈동자의 동공을 확대하기도 하는 등 18세기 유럽의 화장은 전반적으로 남녀 모두 지나친 경향을 보여 화장을 하기 전의 모습과 한 후의 모습이 서로 다른 사람으로 보일 정도였다고 한다.

18세기 로코코의 여성들은 옷과 머리에도상당한 관심을 보였다. 18세기 초까지는 바로크시대에 유행했던 퐁탕쥬 *Fontange*형이 전성을 이루었으나(그림 1-15) 루이 14세가 사망한 후 퐁파두르 *Pompadour*형이라는 낮은 머리형이 유행하게 되었다(그림 1-16). 퐁파두르형은 대형의 파니에 *Panierr*와 조화를 이루면서 세기 중엽까지 애용되었다.

18세기 말엽 부터는 머리형에 다시 변화가 나타나 점차 머리모양이 높아지고 거대해져

갔으며 그 위에 장식이 높이 쌓여졌다. 이 시대의 취향은 머리형을 예술적이고 환상적인 것의 극치로 이르게 하여 로코코의 여왕이라 불리우던 마리 앙투와네트 *Marie Antoinette*(1755~1793)시대에는 높이와 기교에 있어서 가능성의 극한점까지 도달하였다. 이들은 땋은 가발을 사용하였는데 단순한 머리형태의 변화만으로는 만족할 수 없었기 때문에 레이스, 리본, 깃털, 조화, 보석 박힌 버클 *Buckle*등으로 여러 가지 형태의 장식을 만들어 머리 위에 올리고 각기 다른 명칭의 헤어스타일로 분류하기도 했다.

(6) 근대

프랑스 혁명은 단순한 정치분야 뿐만 아니라 사회의 모든 분야에 걸쳐 새로운 혁명을 가져왔다. 보다 합리적이고 보편적인 시민적 가치의 태동으로 메이크업에서도 인위적이고 유해한 화장품의 과도한 사용을 자제하려는 분위기가 확산되었고, 자연주의 사상의 대두와 함께 귀족계층을 중심으로 과도하고 인위적으로 꾸미던 경향이 없어지고 얼굴을 부자연스러운 색상으로 치장하던 두꺼운 화장에서 벗어나 자연스러운 화장으로의 변화가 빠르게 이루어졌다(그림 1-17).

그림 1-17. 퓌르당 부인의 초상(캔버스 유채, 프랑스 개인 소장)
프랑스 혁명이후 등장한 자연주의는 화장에 있어서도 자연스러운 아름다움을 되찾아 주었다.

그림 1-18. 르블랑 부인(캔버스 유채, 뉴욕 메트로폴리탄 미술관 소장)
19세기에는 바로크나 로코코의 장식적인 요소가 사라지고 인간 내면의 순수함이 자연스럽게 드러나는 정결한 화장이 유행하기 시작했다.

19세기 중반부터는 화학과 기술의 발달로 점차 화장품의 성분과 제조술이 개선되면서 메이크업의 진정한 부흥기를 맞게 되었다.

근대라는 새로운 시대는 시민의 시대이며 보편적 인간의 시대였다. 이러한 인간의 가치에 대한 새로운 눈뜸과 함께 화장은 이제 모든 여성의 공유물로 바뀌어져 갔다. 위생과 청결이 중요시 되어 비누의 사용이 보편화 되었으며 이전까지 왕족이나 귀족의 전유물이었던 크림이나 로션도 일반 시민들이 쉽게 구할 수 있었으며 질도 향상되고 제품도 다양해졌다. 특히 1866년 산화아연을 만들어냄으로써 로마시대 이래 여성의 피부에 심각한 해독을 주었던 백납분보다 훨씬 안전하고 새로운 화장품의 재료가 전 유럽과 미국으로 퍼졌다.

19세기 후반 빅토리아 여왕이 남편을 잃고 혼자된 후 계속하여 상복을 벗지 않고 화장을 하지 않은 것이 상류사회의 새로운 유행을 창조하여 상류사회의 여성들은 화장을 하지않는 자연스러운 피부를 그대로 드러내었고 입술연지 *Rouge* 조차 칠하지 않고 손수건

그림 1-19. 브로글리 공주(J.A.D 엥그르, 1853년 作)

창백한 얼굴빛과 흑단같은 머리결이 두드러지는 낭만주의적인 아름다움은 조용함과 기품을 중요시했다.

으로 가볍게 부벼 혈색을 좋아 보이게 하였다. 이러한 화장에 있어서의 자연주의 스타일의 등장과 함께 머리모양에도 똑같은 양식적 변화가 있었는데 로코코시대의 극단적으로 과장되어진 머리모양은 사라지고 짧게 다듬은 머리와 조촐한 장식의 모자가 유행되기 시작하였다. 1830년대에 들어서자 머리모양은 소박하면서도 로맨틱한 분위기를 지니게 되는데 가는 컬 *Curl* 보다는 굵은 컬로 머리를 부풀려 올리는 스타일이 주류를 이루었다. 나폴레옹 3세 시대에는 크게 부풀린 로맨틱 스타일보다는 간단한 형의 머리 모양을 선호하였으며 1870년 경에는 둥글게 감거나 땋은 머리를 높게 다듬어 머리 전체가 갸름하게 보이도록 하였다.

19세기말에는 여성들도 비즈니스나 스포츠에 대한 관심이 커지면서 요란한 머리형은 모두 단정히 빗어 올리고 모자를 즐겨 썼으며 20세기에 들어서서는 날씬한 실루엣이 주를 이룬 의상이 유행하면서 머리형이나 모자는 전체적인 분위기의 액센트가 되었는데 타래를 사용하여 머리가 모자의 챙처럼 이마에서 뻗어나온 형태도 등장하였다.

(7) 현대

① 1900~1910년대 아르누보 Art Nouveau의 등장

인체와 피부에 대한 과학적 지식이 발전하고 화장품의 대량생산이 합법화되면서 19세기 말부터 시작된 화장품의 산업화가 가속화 되었으며, 정기 간행물에 미용에 관한 기사의 비중이 전보다 커지면서 여성들의 화장품과 화장술에 대한 관심은 더욱 높아졌다.

한편, 19세기에서 20세기로 넘어가는 이 시기에는 아름다운 식물의 형태에서 장식 모티브를 얻어 생명력이 넘치는 우아한 양식을 전개한 아르누보가 등장하였으며, 1909년에는 러시아 발레단의 공연을 계기로 동양적인 색채와 스타일이 등장했다.

러시아 발레단의 파리 공연을 통해 불붙은 오리엔탈 붐은 디자이너 폴 푸와레 *Paul Poiret* 에 의해 동양적인 색채와 실루엣의 의상디자인으로 전개되었고, 화장의 색조도 오리엔탈풍의 영향을 받아 선에 의한 표현과 강렬한 색조가 등장하기 시작했다. 눈은 동양인처럼 길어 보이도록 아이라인을 그렸고 눈화장의 색조색조는 황색 등 동양적인 분위기를 물씬 풍기는 화장법이 선을 보였으며, 입술도 진한 붉은 색조로써 동양인처럼 작게 표현하는 기법이 일부 패션 리더들에 의해 유행하였다. 전반적으로 희고 투명한 피부를 중시하는 자연스러운 화장이 유행하였으므로 대부분의 여성들은 눈썹과 입술화장에 있어 자연스러움이 강조되었고, 그에 따라 화장품의 소비도 기초화장품이 주류를 이루었다.

1914년에 일어난 1차 대전의 영향으로 여성들이 사회로 진출하는 기회가 많아짐에 따라 여성해방운동이 일어났으며 여성들이 스스로의 권리를 찾게 됨에 따라 화장법과 헤어스타일에 있어서도 실용주의 노선이 등장한다.

폴 푸와레는 소년 같은 원통형 실루엣의 디자인의 옷을 유행시킴으로써 코르셋으로 몸을 조여야 했던 여성의 신체를 해방시켰으며 전쟁 이후에 경제적 자립이 가능해진 여성들은 자신의 미용을 위해 투자할 수 있는 조건이 가능해지면서 현대적 의미의 메이크업이 자리잡게된다.

그림 1-20. 리나 까발리에리(1908)

20세기말 최고의 아름다운 여성으로 여겨졌던 리나 까발리에리는 규제와 자유라는 대립되는 요소가 절묘하게 조화를 이루는 화장술을 보여준다.

곧 여성들이 신체적, 정신적인 속박에서 자립할 수 있는 여건을 갖게됨으로써 여성에게 있어서의 화장이라는 조건을 페미니즘적 시각으로 부정하거나 거부하는 것이 아니라 여성의 미용에 대한 관심이 단순히 아름다움을 꾸미는 차원을 넘어서서 사회생활에서 살아남기 위한 자신을 프로모션하는 방편으로 사용되기 시작했다. 결과적으로 미용에 대한 소비는 엄청나게 증가했으며 주름제거를 위한 성형수술 등의 적극적인 미용행위가 여배우 등 일부 패션 리더들에 의해서 확산되면서 일반적인 화장술과 화장품은 소수 상류층이나 직업여성의 전유물이 아니라 일반 여성들의 공유물로 보편화되기 시작했다.

② 1910~1920년대 샤넬과 보이시 스타일 Boyish Style

1914년 제 1차세계대전이 발발하여 전쟁을 위한 국민총동원체제 하에서 여성들도 군수공장 등에서 일하게 되면서 자연스럽게 여성의 사회적 참여가 늘어나게 되었고 1918년 영국에서는 집을 소유한 30세 이상의 기혼여성이 처음으로 참정권을 갖게 되는 등 여권이 크게 신장되었다. 전후의 여성들은 이러한 지위향상과 함께 사고 방식도 자유로와져서 자유연애의 기치를 들고 공공연히 담배를 피우기도 하였는데 이러한 자유로운 의식을 갖고있는 젊은 여성들을 플래퍼 *Flapper*라고 부르기도했다.

여성들의 사회적 진출이 늘어나 활동에 편리하도록 기능적인 복장을 선호하게 되었으며 코르셋같은 전근대적인 부자연스러운 의상들이 없어졌으며 이러한 변화의 선두에 폴 푸와레 *Paul Poiret*가 있었다. 1918년 파리에 상점을 재개한 가브리엘 샤넬 *Gabrielle Chanel*도 단순하고 기능적인 복장디자인을 발표하였으며, 자유로운 생활을 즐기고 작업을 하기에 편리한 튜블러 스타일 *Tubulor Style*의 보이시 스타일의 복장이 유행하게 된다. 여성의 정장에 활동적인 바지디자인을 과감하게 도입한 보이시 스타일이 유행하게 되면서 머리도 활동적인 스타일로 짧게 커트하게 되었다.

전후, 미국은 세계 최강국으로 부상하게 되었고 세계 문화의 중심지가 파리로부터 뉴욕으로 옮겨가기 시작했다. 또한 미국에서는 영화산업이 전성기를 맞게 되었는데, 영화에 등장하는 여배우들의 의상과 화장형태는 그대로 일반인들에게 모방되었고 클라라 보우 *Clara Bow*, 글로리아 스완손 *Gloria Swanson* 등의 20년대의 대표적인 스타들이 탄생했다.

그림 1-21. 클라라 보우 *Clara Bow*

전쟁 동안 여성들의 화장은 자연주의 기조의 단순한 스타일로 아주 가볍게 완결되었으나 전쟁이 끝난 후에는 점점 농도가 짙어지기 시작했다. 입술은 또렷하고 선명하게 강조하여 표현하고 눈썹을 가늘게 다듬어서 얇게 그렸으며, 눈에는 검정색 아이라인을 그리고 눈 주변을 어둡게 표현하는 등 인위적인 기교가 늘어나게 되었다.

또한 과학의 발달로 다양한 인공 색소가 합성되면서 여러 피부 타입에 따라 화장분이 여러 가지 색조로 개발되는 등 색상이 풍요로와지기 시작했으며 아이섀도, 마스카라 등 화장품의 종류도 다양해졌고 막대 모양의 립스틱이 처음으로 등장하는 등 화장품은 색조와 품질 면에서 일대 혁명을 가져오게 되었다.

③ 1930년대 유행의 중심으로서의 헐리우드

1929년에 시작된 경제공황의 영향으로 사회의 일자리가 크게 줄어들면서 우선 여성들을 가정으로 돌려 보내려는 사회적 분위기가 생기고 힘든 경제상황이 이어지면서 활동적인 여성보다는 온화하고 부드러우며 성숙한 여성의 미가 주목을 받게 되었다. 의상, 헤어스타일, 화장 등도 이러한 시대 조류에 따라 부드럽게 변화해서 여성의 신체곡선을 나타내는 홀쭉하고 긴 실루엣 *Slim and Long Silhouette*이 유행하게 되었다. 스커트의 길이는 길어졌으며, 허리선은 제자리로 돌아오고 여성의 가슴, 허리, 힙을 강조하는 스타일이 나타나

그림 1-22. 진 할로우 *Jean Harlow*

게 되었다. 영국의 윈저공 *Winsor*과 결혼한 심슨부인 *Wallis Simpson* 등 패션의 리더가 등장하여 그들의 의상이나 헤어 스타일은 세계적으로 유행하게 되었다.

그러나 1939년 제2차대전이 일어나면서 사회의 분위기는 다시 바뀌어 우아한 여성상은 밀려나고 강하고 활동적인 여성상이 등장한다. 스커트 길이는 경제공황 이전처럼 다시 짧아지고 군복 분위기의 밀리터리 룩 *Military Look*이 유행하기 시작하였다.

여성들의 사회진출이 다시 늘어나고 스포츠가 활발해지면서 의상디자인은 단순화되는 경향을 보였고 바지 스타일이 유행하여 기능복뿐 아니라 일상복 또는 정장으로도 각광을 받게 되었으며 성숙한 분위기를 연출하기 위해 눈썹화장은 곡선의 아치형으로 정교하게 그렸으며, 입술도 크게 강조하였다.

그레타 가르보 *Greta Garbo*와 마를린 디트리히 *Marlene Dietrich*, 조안 크로포드 *Joan Crawford*, 진 할로우 *Jean Harlow* 등의 할리우드 스타들이 새로운 스타일의 공급처였으며 이들은 자연주의적 스타일을 버리고 정교하고 우아한 여성미를 강조하기 위하여 얼굴에 파운데이션을 바르고 둥글고 정교하게 그려진 눈썹, 뚜렷하게 강조된 입술화장, 눈이 움푹 들어가 보이도록한 아이섀도와 검정과 푸른색의 마스카라를 사용한 신비로운 눈화장을 유행시켰다.

이러한 정교한 화장술 뿐 아니라 화장품이나 도구, 관리법에 관한 여러 정보들도 다양한 여성잡지들을 통해 소개되어 전반적으로 화장에 대한 지식이 보편화 되었다.

④ 1940년대 세계대전과 변화하는 이상미

제2차 세계 대전 중에는 영국, 미국 등지에서 여성들의 패션과 미용 분야에 대한 규제가 심해져서 의류판매가격과 스타일이 제한되었으며 화장품의 생산도 제한되었다. 이러한 사회환경에도 불구하고 여성들은 구두약을 마스카라로 쓰고 쥬스와 과일, 식물기름 등을 화장품 대용으로 사용하면서까지 아름다워지고자하는 욕구를 포기하지 않았다. 반면, 전쟁으로 인해 개발된 기능성 화장품도 있었는데, 자외선 차단을 위한 안티선번 립스틱 *Antisunburn Lipstick*과 위장을 위한 코만도 메이크업 *Commando Make-up* 등 다양한 기능성 화장품의 시대가 열리기 시작하였다.

전쟁 후는 미국과 소련의 두 강대국이 첨예한 이념대립에 놓이게 되어 세계는 이러한 동서간의 양극체제로 갈라지게 되었고 세계문화의 중심은 더욱 미국으로 옮겨가게 되었다. 패션과 미용 분야에 있어서도 미국의 영향력은 커졌으며 컬러 필름이 등장하는 등 영화산업이 발전하면서 헐리우드 스타들의 화장법은 더 주목을 받게 되었다. 베로니카 레이크 *Veronica Lake*, 리타 헤이워드 *Rita Hayworth*, 베티 그레이블 *Betty Grable* 등과 같은 핀업걸 *Pin-up Girl*들이 등장하였으며, 힘든 전쟁을 겪는 동안 유능하고 성숙한 여인상이 이상적으로 여겨져 캐더린 햅번 *Katherine Hepburn* 같은 배우가 주목을 받게 되었다.

2차 대전 이후 화장은 영화의 분장용으로 개발된 팬케이크 *Pan-Cake*를 사용하고 파우더도 여유있게 바르는 등, 이전보다 더 두꺼워졌다. 그리고 턱에 어두운 색상의 파운데이션을 바르는 등 더 입체적이고 정교하게 화장하였고 눈썹은 30년대보다 두껍고 또렷하게 그려 강인하며 관능적이고 생동감있게 표현하였고, 립라인을 좀더 풍부해 보이도록 그린 후 빨간색 립스틱으로 안을 메꾸어 광택을 주어 입술부분도 더 풍요로워졌으며, 마스카라를 사용하고 인조 속눈썹을 붙여 눈을 강조하였다.

그림 1-23.
리타 헤이워드 *Rita Hayworth*는 1940년대의 관능적이고 생동감있는 여성미의 전형을 보여준다.

⑤ 1950년대 크리스찬 디올 Christian Dior의 등장

1950년대는 미국의 우위성이 확립되던 시기로 과학과 기술의 발전으로 인해 가정용 전자제품과 자동차 산업이 크게 활성화되는 등 시민생활에 도약적인 번영이 이루어진 시기였다.

특히 텔레비젼의 보급은 미국의 팝 *Pop*문화를 대중에게 급속도로 보급시켰으며 색체에 대한 관심이 특히 증대되었다.

이 시기에 가장 활발한 활동을 벌인 디자이너는 크리스찬 디올 *Christian Dior*인데 그는 1951년 봄에는 달걀 모양의 오벌 *Oval*라인을, 1954년에는 H라인을, 1955년 봄에는 A라인, 가을에는 Y라인 등 알파벳 시대를 대표하는 많은 작품을 발표하였다.

크리스찬 디올의 새로운 디자인 *New Look*은 여성의 몸매의 라인이 강조되어 드러나는 스타일이었으며, 이러한 여성스러움의 강조는 화장법에도 큰 영향을 미쳤다. 따라서 여성스러우면서도 우아한 여성의 이미지가 이상적인 여성상으로 비추어졌으며 '신비스러운 이 시대의 애인' *Todays wondergirl*이라고 매스컴이 흥분한 오드리 햅번 *Audrey Hepburn*이 대표적인 경우이다. 강한 성적매력을 풍기는 당시의 다른 여배우와는 달리 커다란 눈의 천진난만한 소녀의 이미지를 갖고있던 햅번은 짧게 커트한 머리 스타일과 함께 귀여우면서도 우아한 화장을 유행시켰다. 피부표현은 신선하고 맑게 하면서 아이라인의 끝은 두껍게 그리고, 눈썹은 두껍고 각지게 그렸으며, 입술과 볼터치는 난색 계열로 하여 여성스러움을 강조하였다.

그림 1-24.
오드리 헵번 *Audrey Hepburn*은 1950년대의 청초하고 신비한 여성의 미를 대표한다.

그림 1-25.
엘리자베스 테일러 *Elezabeth Taylor*는 햅번과는 다른 균형잡힌 여성미의 안정된 이미지를 보여주었다.

그림 1-26.
마릴린 몬로 *Marilyn Monro*로 대표되는 농염한 관능미는 햅번과는 대조되는 1950년대의 여성상의 다른 한축을 형성 한다.

또한 엘리자베스 테일러 *Elizabeth Taylor*와 에바 가드너 *Eva Gardner*, 소피아 소렌 *Sophia Lauren*도 이 시기의 화장술을 주도하였으며 특히 마릴린 몬로 *Marilyn Monro*는 이러한 강한 성적 매력을 풍기는 스타중의 스타였다. 그녀는 인조 속눈썹을 붙이고 마스카라를 많이 칠하는 등, 속눈썹을 강조했으며 아이라이너는 올려 그리고 아이섀도의 색은 진하게 하지 않고, 입술은 붉은 색으로 바르고 윤기 있게 칠했으며, 아웃 커브로 그려서 관능적인 모습을 과시했다.

브리짓드 바르도 *Brigitte Bardot*는 청순함과 관능적인 매력, 반항적인 이미지를 보여 주었는데 제임스 딘의 반항적인 이미지와 조화를 이루면서 10대 후반과 20대 초반의 우상이 되었다. 흐트러진듯한 헤어스타일에 아이섀도는 진하게 바르고 눈썹은 자연스럽게 그렸으며 아이라인의 끝은 진하게 올려 그렸다. 이같은 인위적인 눈화장은 눈썹 화장용 연필의 사용으로 인해 더 강조될 수 있었는데, 심이 부드러운 이 연필은 전시에 외과 수술용으로 제작되었던 것이었다. 또한 이 시기에는 립스틱 뿐만 아니라 초록색 아이섀도와 금갈색의 마스카라, 다갈색의 아이라이너 등 화장품의 색상이 다양해졌다.

한편, 이 시기에는 청소년의 하위문화가 급부상하고 록큰롤 *Rock' n roll* 등 그들의 문화가 주목을 받으면서 새로운 시장을 형성하게 되었다. 그리하여 하위문화의 패션 아이디어가 이때까지와는 달리 거꾸로 상류층에게 받아들여져 유행하게 되는 계기를 마련하게 되었다. 또한 이들의 소비력이 증가하면서 청소년을 위한 메이크업 제품이 활발하게 개발되었고 이에 따라 화장문화는 점차 다양해지는 개성의 시대가 열리게되었다.

⑥ 1960년대 혁명의 시대 The revolutionary sixties

'혁명의 60년대' *The revolutionary sixties*는 2차대전 후의 많은 인구비율을 차지한 베이비붐 세대들이 실제적인 경제 세력을 형성하고 문화적으로도 주체가 되는 격변 *The swinging*의 젊은 시기였다. 이들은 기존의 질서와 가치를 거부하는 새로운 독특한 청년문화를 형성하였는데, 그 중에서도 히피문화는 동양의 신비주의에 빠지고 쾌락을 추구하며 약물과 성을 도구로 사용하기도 하는 등 사회문제로 부각되기도 했지만 메이크업에 있어서는 기존의 질서를 무너뜨리고 새로운 양식을 창조하는 전환점을 마련했다. 또한 흑인의 민권에 대한 관심이 높아지면서 흑인들은 자신의 정체성에 대해서 자부심을 갖게 되었고 그들 특유의 헤어 스타일이 백인에게까지 유행하게 되는 계기가 되었다. 핀업걸의 세계에도 흑인의 바람이 불어 1966년에는 흑인 고유의 독특한 아름다움을 보여주는 모델이 대표적인 패션잡지 표지 스타로 발탁되기도 하였다.

영국의 디자이너 메리 퀀트 *Marry Quant*는 미니 스타일이라는 파격적인 디자인을 들고 나와 선풍적인 인기를 누렸고 이러한 경계를 무너뜨리는 디자인은 아직도 그 강인한 생명력을 이어가고있다. 이러한 고정 관념을 뛰어 넘는 디자인의 출현과 함께 1960년대 미의 특징 중의 하나는 기이함이었다. 현대인의 고뇌와 염세적인 모습, 초연함 등을 잘 표

그림 1-27. 60년대의 트위기 *Twiggy*

그림 1-28.
과장된 아이라인과 속눈썹 화장은 전위적인 대담성을 보여준다.

현하는 작은 체구의 모델 트위기 *Twiggy*가 선풍적인 인기를 끌 수 있었던 것도 이러한 기이하고 낯선 아름다움에 대한 집착의 결과라 볼 수 있다. 이 시기에는 여성 해방 운동의 바람이 거세어지면서 여성도 남성들이 입는 테일러드 카라 스타일의 수트를 많이 입게 되었으며 반대로 남성들은 영국의 비틀즈 *Beatles*와 롤링스톤스 *Rolling Stones*같이 유니 섹스풍의 의상과 헤어 스타일을 하기도 했으며 자연스러운 히피 스타일의 옷과 길게 풀어헤친 헤어 스타일도 유니 섹스 모드의 한 몫을 했다.

한편 1960년대는 컬러 텔레비젼과 잡지 등 대중매체들이 일반인들에게 끼치는 영향이 더욱 커지면서 1950년대까지의 20세기 전반기보다는 영화 스타들의 화장법의 유행 영향력이 줄어들고 전문 모델들의 위치가 급부상하게 되었고, 사회 구성원의 개성에 따라 다양하고 새로운 화장법이 전개되었다. 이러한 실험적이고 전위적인 패션 경향에 따라 1960년대 중반에는 대담하고 사이키델릭한 화장법이 더욱 주목을 받게 되었다. 즉, 속눈썹은 더욱 과장되고(그림 1-28) 아이라인과 마스카라 등은 훨씬 더 대담하게 장식화되었으며 옵티컬아트 *Optical Art* 같은 기하학적인 패턴이 아이 메이크업에 응용되면서 화장의 색조도 모노톤과 파스펠톤, 메탈릭한 컬러 등으로 다양화 되었다. 이렇게 대담하게 강조된 눈화장과는 대조적으로 입술 화장은 창백하게 표현하였는데, 이는 지나친 상업주의와 인간성 상실에 대한 반기가 화장을 통해 나타난 것이라고도 볼 수 있다.

화장품업계는 사회의 강력한 주체세력으로 등장한 베이비 붐 *Baby Boom* 세대들의 시장을 겨냥해서 새로운 상품을 개발하는데 전력투구하게 되었다. 1960년을 전후로 해서 고형의 립스틱은 더욱 개량되었고 1962년에는 아이섀도와 파운데이션, 매니큐어, 마스카라 등의 화장제품이 편리하게 사용할 수 있는 디자인으로 제조되기 시작하였다.

한편, 1960년대 이전에 디자이너들이 화장품 라인을 선보였던 것처럼 당시의 젊은 디자이너 매리퀀트 *Marry Quant*도 자신이 디자인한 옷의 스타일에 맞게 투명한 피부를 강조하는 메이크업 스타일을 제시했으며 화장도구와 화장품을 예쁜 장식의 통 속에 넣은 페인트 박스 *Paint Box*라는 새로운 브랜드가 대중의 사랑을 독차지 하였다.

1960년대 후반에는 자연스러운 아름다움이 더욱 주목받게 되었는데 60년대 초기의 기하학적 인위적인 형태, 상업주의에 대한 반발로 히피스타일이 더욱 각광을 받아 특히 젊은층을 중심으로 팽배된 물질문명에서 벗어나 목가적인 새로운 문화의 가능성을 보여주었다. 화장법도 이러한 영향을 받아 색상은 자연스러워졌고 얼굴 등에 등장한 토속적인 패턴은 거꾸로 전문적인 디자이너에게 중요한 모티브로 이용되기도 하였다.

그림 1-29. 히피풍의 메이크업

⑦ 1970년대 펑크 Punk 문화의 등장

1970년대는 1973년의 석유파동 등 불황으로 인해 성숙한 이미지의 여성이 이상적 여성상으로 부각되었고, 이러한 이미지를 나타내고자 이국적인 분위기와 복고풍의 우아한 여성미를 선호하였다. 화장의 색조는 환타지 경향으로 화려해졌으며 눈썹은 가늘게 뽑아 정리하여 얇게 그리고 마스카라도 섬세하게 바르고 입술화장은 펜슬로 라인을 그리고 은은한 광택을 주었다.

1970년대 중반에 들어서면서는 미국 사회에서 이혼률이 증가하고 미혼모가 늘어나는 등, 여성의 능동적 의지가 표면적으로 표현되었고 정치 분야의 참여도 늘어났으며 직업전선에 뛰어든 여성의 수도 늘어나게 되었다. 이러한 영향으로 여성들은 의상과 화장을 통한 자신의 능력과 아름다움의 표현에 더욱 관심을 가지게 되었고 60년대의 자연스러운 미에 대한 각성을 통과하면서 화장법에 있어서 선과 색조의 경향도 매우 자연스럽게 변했으며 캔디스 버겐 *Candice Bergen*, 파라 포세트 *Farrah Fawcett* 같은 건강하고 적극적이며 개성 있는 스타일의 미인들이 인기를 끌었다. 따라서 유행패턴의 색상은 자연스러우면서도 부드럽게 변해갔으며 눈썹의 형태도 더욱 자연스러워졌으며 피부표현을 두껍게 하는 것보다는 피부 자체를 젊게 가꾸면서 가볍게 바를 수 있는 라이트 파운데이션 *Light Foundation*이 선을 보였다. 백인 여성의 흰 피부를 무조건 선호하던 풍조도 바뀌어 건강한 피부를 갖기 위해서 일광욕을 즐기는 등의 새로운 피부관리 패턴이 생겼으며, 내면의 이미지까지 표현할 수 있는 세련된 화장형태로 발전하였다.

1970년대 말에 이르러서 세계적으로 주목받았던 패션경향은 펑크 *Punk*였다. 두 차례의 석유파동과 인플레로 경제적인 불황 속에서 일자리를 얻지 못하게 되자 젊은이들은 미래에 대한 좌절과 사회에 대한 반항의식이 생기게 되었고 미국과 영국 등지의 젊은이들은 월남전에 대한 반전 의식을 갖고 있었다. 이러한 배경으로 반문화적인 성격을 가진 펑크족이 등장하는데 그들은 보는 사람으로 하여금 인상을 찌푸리게 만들 정도의 혐오스럽고 위협적인 외모로써 그들의 저항과 부정의 의식을 대변했다.

펑크족은 고무나 플라스틱제의 바지를 입고 징이 달린 부츠를 즐겨 신었으며 여러 가지 색으로 머리 염색을 하고 머리를 뾰족하게 세우거나 일부분은 깎아 버리는 등의 엽기적인 스타일을 창조하였다. 화장도 역시 전위적인 표현양식을 보여 주었는데, 피부는 창백하리만치 하얗게 표현하고 눈썹과 눈은 검정색이나 다른 강한 색과 선으로써 기괴하게 과장을 하며 눈길을 끌었으며 입술의 색도 마치 뱀파이어의 분장처럼 검정색을 섞어 발랐으며 문신도 즐겨했다.

이러한 모습은 남녀 구분 없이 행해졌고, 펑크족의 스트리트 패션은 기존의 디자이너들의 디자인 영감의 원천으로도 작용하여 이들의 화장법과 패션은 일반 대중들에게도 조금씩 영향을 끼쳤다.

1970년대의 패션 분야에서 화장은 여전히 큰 비중을 차지하였는데 크리스챤 디오르는 눈 주위에 빨강과 파랑 등의 색반점을 그리는 컬러퀘이크 *Colorquake*를 유행시켰고 이러한 펑크풍의 화장법은 요즘도 자주 응용되고 있다.

그림 1-30. 펑크풍의 메이크업

그림 1-31. 앤드로지너스 *Androgynous* 화장

그림 1-32. 브룩 쉴즈 *Brooke Shields*

⑧ 1980년대 다원화의 시대 Androgynous, Fusion Look

1980년대 초는 쾌락주의의 영향으로 매우 관능적인 스타일을 선호하게 되었고, 건강하고 성적인 매력이 넘치는 어린 브룩 쉴즈 *Brooke Shields*가 80년대의 이상적인 여성상으로 타임지의 표지를 장식한다(그림 1-32).

예술과 문화에 있어서 다원화의 양상이 더욱 뚜렷해지는 1980년대는 패션과 미용분야도 예외일 수 없어 성의 구별을 뛰어넘어 인간을 하나의 개성적인 존재로써의 이미지를 부각시키는 앤드로지너스 룩 *Androgynous Look*인데, 컬쳐 클럽 *Culture Club*의 보이 조지 *Boy George*, 프린스 *Prince* 같은 가수들은 여성 못지 않은 화려한 색채 화장을 하였고 반대로 일부 여성들은 남성의 강한 분위기를 선호하며 성의 구별이 무의미한 새로운 화장법이 유행하였다.

또한 1980년대에는 세계는 미국과 소련의 대립으로 상징되어온 동서냉전체제가 무너지고 일본의 경제가 눈부시게 발전하고 중국이 문호를 개방하게 되면서 세계의 이목은 동양으로 집중되었고 이로 인해 일본 디자이너들에 의한 재패니즈 룩 *Japaness Look*과 동양과 서양의 스타일이 조합된 퓨전 룩 *Fusion Look*이 등장하였다.

스포츠에 대한 관심이 증대되어 에어로빅과 그을린 어두운 톤의 피부색이 유행하는 등, 육체와 정신이 함께 건강하고 강인한 아름다움이 이상적인 여성의 미로 인식되게 되었다. 그리하여 남성의 전유물이었던 체형미 대회가 여성들에게도 공유되었고 글래머 스타일에 대한 관심이 다시 생기면서 화려하고 진한 화장이 유행하게 되었지만 20세기 전반과는 달리 남성에게 잘 보이기 위한 화장이기보다는 여성 자신의 내적인 만족감을 위한 새로운 문화적 성격을 갖고있다.

30대가 된 전후 베이비 붐 세대들은 일반직과 전문직 등, 다양한 직종의 분야에서 남성들과 경쟁하면서 강하고 능력 있는 이미지로 보이기 위해 옷도 쟈켓에 패드를 강하게 넣어 어깨를 강조하는가 하면 눈썹도 두껍고 진하게 그리고 입술도 선명하게 그려 자신감을 표현하였다.

기능성 화장품의 개발도 가속도가 붙어 여드름 치료효과가 있는 화장품이나 노화방지 크림 등이 나왔고 마스카라도 여러 가지 기능의 제품이 나와서 눈화장을 하는 데 편리하게 되었는데, 셀룰로즈 *Cellulose*를 이용해서 속눈썹을 풍성하게 보이게 하는 마스카라와 방수가 되어 여름에 사용하기 편리한 워터 프루프 *Water-Proof* 마스카라 등도 등장하였다.

⑨ 1990년대 포스트 모더니즘 Post Modernism

소련의 붕괴 이후 세계는 이념적으로 양극화된 현상은 퇴조하고 경제적인 실리 위주의 다국적인 체제로 전환되게 되었다. 따라서 다양함과 개성이 더욱 중요시되었고 다른 시대와 문화가 서로의 모습을 차용하는 포스트 모더니즘 *Post Modernism* 현상이 두드러져서 복고풍과 에스닉한 요소들이 나타나게 되었다. 따라서 60년대와 70년대 뿐만 아니라 고대까지도 거슬러 올라간 여러 스타일들이 재현되었고 여러 나라의 민속적 요소가 융합되어 나타나는 경향에 의해 90년대 초의 화장 스타일은 그 어느때보다도 다양한 이국적인 모습들이 자유롭게 선택되었다.

그림 1-33. 1990년대 말의 세기말적 화장

한편, 과학기술의 진보와 더불어 지구촌이 심각하게 오염됨으로써 환경문제의 위기 의식이 강하게 대두되면서 이러한 인식이 패션과 미용 분야에도 중요한 주제와 소재로 떠오르게 되었다. 그래서 천연 소재의 자연스런 질감과 색을 위주로 스타일링이 되면서 에콜로지 룩 *Ecology Look*, 그런지 스타일 *Grungy Style*, 네오 히피 스타일 *Neo-Hippie Style*, 네츄럴 스타일 *Natural Style* 등이 나타나 화장의 색조도 매우 엷어지고 눈썹도 흐리게 그렸으며 입술화장도 엷게 하는 투명화장이 유행하게 되었다. 이렇게 자연스럽고 가볍게 하는 화장이 유행함에 따라 여성들은 피부에 더욱 관심을 갖게 되어 화장품 생산에 있어서도 피부를 분석하고 관리하는 전문 제품들이 더욱 세분화되어 개발되었다.

또한 다원화의 시대적 흐름에 따라 미에 대한 기준도 획일성을 벗어나 다양한 인종의 아름다움이 각각 중시되었고 그에 따라 여러 가지 피부색과 피부 기능에 맞는 제품이 다양하게 나타났다.

세기말이 되면서 다가오는 새로운 21세기에 대한 기대감과 불안감이 동시에 나타났는데, 불안감은 복고 지향적인 모즈룩, 히피룩 등으로 표현되었고 기대감은 하이 테크놀러지의 이미지를 보여 주는 사이버룩 *Syber-Look*으로 선을 보였다. 따라서 화장도 내츄럴한 패턴과 펄이나 메탈릭한 컬러가 가미된 쉬머 패턴이 같이 유행하였으며 기름기 있는 제품을 덧발라 표현하는 글로시 스타일도 등장하기도 했다.

천년을 마감하고 새 천년을 맞이한다는 세기말적 요소와 새로운 희망이 겹쳐진 이 시대는 다양한 문화에 대한 공존의 의식이 모든 사회에 받아들여지는 분위기가 되었으며, 앞으로의 유행 전개의 전망과 기획에 있어서도 인터넷을 통한 세계인의 정보 공유 현상이 더욱 가속화되어 예전처럼 특정의 소수 전문가의 전유물이 될 수가 없는 새로운 패러다임을 형성하였다. 이러한 현상은 각 나라의 문화와 경제가 더 밀접하게 온라인 및 오프라인으로 연결되면서 화장의 유행양상은 더욱 다원화, 개성화되어 갈 것으로 전망된다.

2) 동양

고대 동양 3국, 즉 한국, 중국, 일본의 화장에 대한 기록은 무척 빈약하여 단편적인 기록과 고분벽화 등의 유물이 부분적으로 남아있을 뿐이다. 중국에서는 약 4천년 전쯤에 백분을 사용했다는 기록이 있고 연분 ˇ 도 사용하였으며 우리나라에서도 백분과 연분을 사용하였는데 삼국시대의 신라에서는 백분 ˇ 의 사용과 제조기술이 상당한 수준이었다. 백분 ˇ 은 쌀 •의 가루 ´였으며 곡식가루와 분꽃씨의 분말 또는 광물성의 분말로 만들었는데, 사용상의 불편과 낮은 화장효과로 인하여 납성분이 들어간 연분이 나오게 되었다. 일본은 고대부터 중국과 직접 접촉하거나 한국을 통하여 정치와 종교뿐 아니라 문화를 많이 받아들였는데, 화장재료나 화장법도 예외는 아니어서 서기 285년에는 백제로부터 일본으로 화장품 제조기술과 화장술이 전해졌다는 기록이 발견된다. 백분은 처음엔 한국이나 중국을 통해서 들어오다가 지통천황(690~697)때, 원흥사의 승려인 관성이 백분을 만들었으며 서기 692년에는 신라의 한 승려가 일본에서 연분을 만들어 상을 받았다는 기록이 전해진다. 헤이안 시대 말기에는 여자뿐 아니라 상류층의 남성들도 분을 즐겨 사용하기도 하였다고 한다.

그림 1-34. 고구려 고분벽화

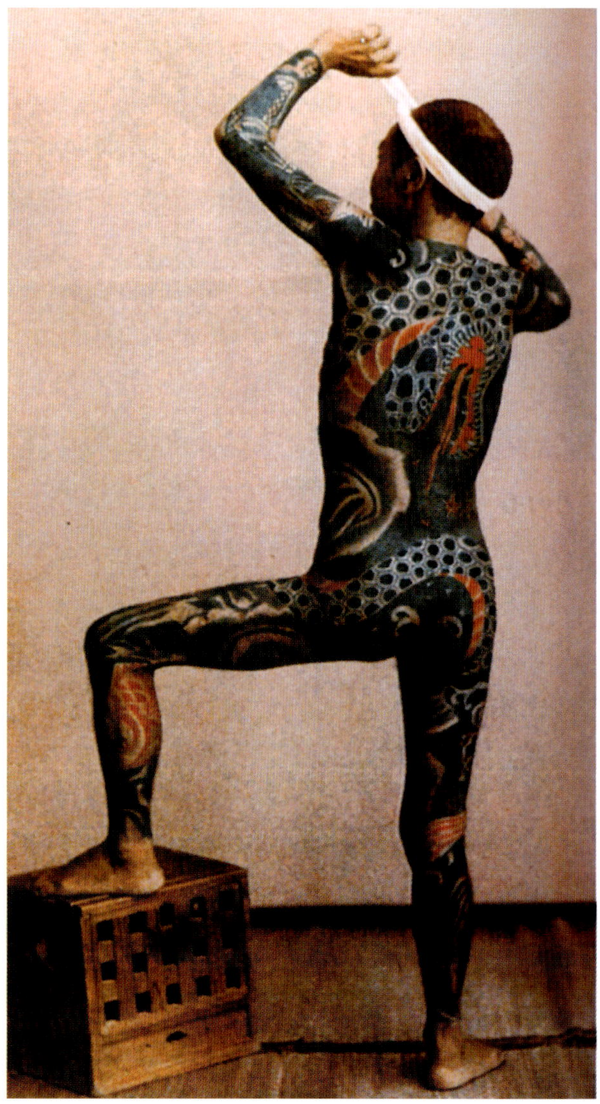

그림 1-35. 일본의 전신문신

그림 1-36. 일본 여성의 백분 사용모습

그림 1-37. 에도 후기의 손잡이 거울과 화장도구
(백분3단첩과 솔, 입술연지와 붓)

백제인의 화장술이 시분무주([illegible] : 분만 바르고 연지는 바르지 않음)로 중국문헌에 기록된 것을 보면 이미 당시 중국에서는 얼굴에 연지를 바르는 것이 유행했음을 알 수 있는데 연지화장은 이미 삼국시대에 유행하였으며 중국의 경우, 특히 당나라 때 연지 화장이 매우 성행하였으며 연지 화장법은 나이에 따라 다르게 나타났다. 젊은층은 먼저 백분을 바르고 다시 연지를 뺨에 발랐으며, 중년 이상의 여성들은 화장 전에 연지와 연분을 먼저 조합하여 분홍으로 만든 후에 얼굴에 발랐다. 또한 노년의 여성들은 먼저 연지를 바르고, 그 후에 백분으로 치장을 했다.

나이에 따라 다른 화장법이 존재했다는 것은 당시의 화장술과 화장품이 이미 상당한 수준에 이르렀다는 것을 말해준다. 연지는 분처럼 아름답게 보이게 하는 것 이외에도 실용적인 기능도 있었는데, 기온이 낮은 지역에서는 추위를 방지하는 기능으로 애용되었다.

뺨과 입술에 연지를 사용하는 화장법은 일본에 전해지게 되는데 처음에는 뺨, 눈의 주변, 입술 양측 등에 붉은 점을 그리다가 나중엔 뺨에만 붉게 화장하였으며 점차적으로 뺨에 바르는 연지화장이 줄어 들면서 입술에 연지를 바르기 시작하였고 이러한 화장법은 메이지 시대까지 이어졌다.

눈썹화장은 한국과 중국, 일본에서 시대에 따라 매우 다르게 나타났다. 여러 가지 다양한 모양과 색상으로 눈썹을 그렸는데 대부분 암청색과 검은색으로 표현을 했고 황색으로 눈썹을 그리기도 했다.

일본에서는 왕조시대는 당의 화장을 따라서 눈썹을 쪽집게로 뽑아서 제거하고 눈썹을 먹으로 그려 넣는 세심한 화장을 하였고 헤이안시대에는 눈썹을 완전히 뽑는 화장으로 달라졌고 에도 [illegible] 시대에 이르러는 눈썹을 완전히 깎아서 제거하는 풍습으로 바뀌어갔다.

그림 1-38. 고대 일본인의 붉은 입술과 볼

그림 1-39. 일본인의 화장법에서 눈썹 그리기와 감추기

이런 풍습은 20세에서 30세 사이의 아이가 있는 기혼녀에게 행해졌는데 이는 눈썹이 없으므로써 감정을 표현하지 못하게 하는 기능도 하였고, 남편과 아이에게 예속되어 있다는 신분을 표시하기 위한 화장풍습이기도 했다. 눈썹을 깍아내는 풍습은 메이지시대에 들어와 메이지유신의 개혁이념을 반영하여 도시를 중심으로 상류계급에서부터 없어지기 시작했다.

동양 3국에서의 색조화장은 특별한 상황을 나타내는 기능도 가졌는데, 혼례 시는 평상시와 다른 화장을 하였으며, 과부들은 일반 부녀자와는 다른 화장법이 있었다. 과부들의 화장은 창백하거나 수수한 경향을 띄는데 중국에서는 백분만을 사용하여 희게 화장하는 경향이 있었고 조선시대에는 전혀 색조 화장을 하지 않거나 거의 하지 않은 듯한 엷은 화장을 하였다.

고대 한국, 중국, 일본지역에서도 종교나 경제 등 사회적 상황이나 문화, 사회적 의식이 화장법에 많은 영향을 주었는데 시대에 따라 이러한 요소들로 인하여 화장법이 달라졌다.

이 지역의 화장법에 가장 많은 영향을 미친 종교는 불교와 유교였으며 이들 종교의 교리와 가치관의 영향으로 상류층 여성들은 내면의 미를 중시하여 짙은 화장을 기피하였고 직업여성들은 보다 적극적으로 화장을 하였는데 이러한 양상은 고대 서양에서도 마찬가지였다. 각 시대와 나라에 따라 다른 불상의 모습은 그 나라 그 시대의 여성의 화장과 이상적인 여인상과 연결되어 나타나게 되는데, 통일신라시대와 고려시대에 불상이나 불화가 탐미적인 경향을 띠면서 여성의 화장법도 화려해졌으며 조선시대에는 유교가 융성하고 불교가 퇴화하면서 유교적 금욕주의에 따라 화장도 수수하고 자연스러워지는 것을 볼 수 있다.

조선시대의 화장은 호란과 왜란 등 오랜 전쟁 후의 정치, 경제적 이유와 유교의 문화적 배경 등으로 인해 수수해졌고 일반 여성들은 치장보다는 정결함에 더 치중하였다. 하지만 여전히 기생 등 특수한 신분의 여성들은 화려한 모습의 분대화장을 하였고 이러한 현상은 사회적으로도 권장되었다.

화장품의 제조는 궁중의 화장품을 만드는 보염서라는 기관과 궁중에서 많이 쓰이는 향을 제조하는 향장에서 전담하였으며 중국으로부터 수입된 것도 선호되었다. 일반인들은 대개 집에서 화장품을 직접 만들어서 쓰는 경우도 많았고, 이 시대에 행해졌던 색조화장은 눈썹화장과 연지 등인데 이를 위해서도 일반인들은 자연에서 얻을 수 있는 식물성 기름이나 재 등을 이용하였다.

그림 1-40. 일본의 가부끼 화장

중국에서는 얼굴의 부분장식으로 곤지와 액황 등이 있었는데 이러한 화장법은 남북조 시대에 불교가 성행하였을 때 금색이 칠해진 불상의 영향을 받아 이마에 황색물을 들이는 풍습이 생겨나면서 만들어진 화장법이다.

또한 경제 상황에 따라서도 화장경향이 달라지는데 경제적으로 번성했던 중국의 한나라와 당나라, 한국의 통일신라시대의 화장경향은 매우 화려하고 짙고 기법이 다양했다. 특히, 당대는 눈썹이나 부분화장들이 기이할 정도로 다양하고 변화가 많았다.

반면, 경제상황이 좋지 못했던 청나라나 조선시대는 여자들이 화장이 근검절약을 국시로 하여 화장경향이 수수해졌다.

에도시대에는 사농공상의 강력한 신분제도로 인하여 지배층과 피지배층 사이에 빈부의 차이 등 여러 가지 갈등이 심화되었는데 이러한 심적 갈등의 해소 방법으로 가부끼 ˚æ –º라는 예술이 생겨났으며 이 무대화장은 일본 화장문화에 많은 영향을 미쳤다.

이렇게 한국, 중국, 일본은 지리적으로 가깝게 위치하면서 서로 많은 영향을 주고 받았으며, 각각의 상이한 미의식과 정치, 경제적 배경에 따라 독자적인 화장법을 발전시켰다.

그림 1-41.
동양 3국은 지리적으로 가깝게 위치했지만 각각 독자적인 화장법을 발전시켰다.

II. 얼굴의 프로포션
Proportion of Face

1. 메이크업 도구 및 제품

1) 메이크업 도구

(1) 브러시

브러시는 메이크업 아티스트의 화장용품키트의 매우 중요한 부분이다. 브러시들은 화학모와 천연모 모두 생산되고 있지만, 감촉이 부드러운 천연소재가 좋다.

족제비털과 다람쥐털로 만든 것이 상급이고, 그 밖에 소털과 말털, 양털 등도 사용된다. 털끝이 원래 모양대로 제 모양을 유지하고 있는 것이 좋으며, 털끝이 깎여 나간 것은 좋지 않다. 문질러 보아 부드럽고 숱이 많으며 탄력이 있는 브러시가 좋다.

메이크업 브러시의 적절한 유지관리는 도구의 내구성을 증가시키고, 위생적인 메이크업을 하는 최선의 방법이다. 브러시를 세척하는 방법으로 비눗물 이외에도 전문적인 브러시 클리너가 있는데, 전문미용기구를 파는 곳에서 구입할 수 있으며, 사용시 마다 세척 후 약 1분 이내에 건조되고 살균된다. 그러나 이것보다는 정기적으로 순한 세제를 이용한 비눗물에 담가 깨끗해질 때까지 헹구는 방식으로 세척하는 것이 좋으며 절대로 드라이어로 브러시를 말려서는 안된다. 드라이어의 열로 인해 털이 곱슬곱슬해지고 끊어질 수 있으며 손잡이가 수축될 수 있다.

① 블러셔 브러시

볼에 블러셔를 바를 때 사용된다. 붓끝이 편평하고 납작한 것이 좋으며 브러시를 뉘여서 사용하며 고르게 색이 퍼지도록 사용한다.

② 파우더 브러시

크고 부드러운 브러시로 가루 파우더나 압축 파우더 *Pressed Power*를 바를 때, 혹은 메이크업의 완성 단계에서 다시 한번 파우더를 바를 때 사용된다. 과다한 파우더를 털어내주고 투명한 느낌의 마무리를 하는데 효과적이다.

③ 큰 파우더 브러시

신체의 넓은 부위, 가슴이나 어깨 등에 파우더를 바를 때 사용된다.

④ 아이섀도 브러시

아이섀도를 펴 바르는 부위에 따라 브러시의 넓이를 선택해서 사용한다. 납작하고 넓으면서 털이 촘촘한 붓이 좋다.

⑤ 입술과 컨실러 브러시

이 브러시는 작고 정밀한 부위에 크림 메이크업이나 립 컬러를 바를 때 사용된다. 끝이 뾰족하고 힘이 있는 것이 좋다.

그림 2-1. 메이크업에 사용되는 여러 종류의 브러시

⑥ 아이라이너 브러시

점점 끝이 가늘어지는 뾰족한 브러시로 케이크 형태, 혹은 액상 아이라이너를 바르는데 쓰인다. 미세하고 정밀한 아이라인을 그릴 때 효과적이다.

⑦ 눈썹 브러시/빗

눈썹을 빗을 때나 속눈썹을 정돈할 때 사용된다. 옆면의 브러시는 눈썹을 그린 다음 자연스럽게 펴줄 때 이용된다. 빗은 눈썹길이를 수정할 때와 마스카라를 한 다음 속눈썹을 빗어 줘 뭉치지 않게 할 때 사용한다. 눈썹을 정리하고 눈썹을 그린 후 눈썹 브러시로 쓸어주면 눈썹이 자연스럽게 연출된다.

⑧ 팬 브러시

부채모양의 팬 브러시는 아이새도를 바르면서 눈 밑에 떨어진 가루를 털어낼 때, 혹은 메이크업의 완성 단계에서 다시 한번 파우더를 바를 때 사용된다. 과다한 파우더를 털어내주고 투명한 느낌의 마무리를 가져다 준다.

⑨ 스펀지 팁 브러시

아이새도를 바를 때 사용하며 포인트색을 바를 때나, 명암을 만들 때와 아이라인 색을 엷게 펴 줄때 좋다. 더 부드러운 느낌을 표현하면서도 아이새도의 지속성을 높일 수 있다. 언더라인을 그리거나 아이펜슬을 새도와 부드럽게 섞어서 펴줄 때 사용할 수 있다.

스펀지 팁 브러시는 중성세제나 전용 클린싱제를 묻힌 후 손바닥에 올려 놓고 스펀지 부분을 비벼 빨아 미지근한 물에 흔들어 씻은 다음에 깨끗한 물로 헹구어서 물기를 빼고 그늘진 곳에서 건조시킨다.

⑩ 마스카라 브러시

마스카라를 바를 때 사용되며 마스카라가 엉겨붙은 속눈썹을 정리할 때도 사용된다.

<마스카라 브러시의 종류>

- 구부러진 브러시
  마스카라가 고루 잘 발라지고 눈썹이 위로 말려 올라가는 기능이 있지만 아래 속눈썹에는 사용하기가 어렵다.
- 끝부분에서 가늘어지는 긴 삼각형의 두겹 나선형 브러시
  솔에 마스카라가 많이 묻혀지기 때문에 속눈썹의 숱을 많아 보이게 할 수 있고, 나선형 모양은 속눈섭이 서로 붙지 않도록 도와준다.
- 끝부분에서 가늘어지는 홑겹 나선형 브러시
  마스카라를 조금씩 섬세하게 바르기에 좋고, 모든 속눈썹 타입에 사용가능하다.
- 짧은 털 브러시
  아래 속눈썹이나 위의 앞부분 같이 짧은 속눈썹 부분이나 뿌리쪽 부분같이 긴 길이의 브러시가 닿기 어려운 부분에 사용하기 좋다.

⑪ 파운데이션 브러시

파운데이션을 얇고 섬세하게 바를 때, 아트 메이크업 시 피부의 넓은 표면에 파운데이션을 바를 때 사용하면 좋다. 모가 부드러워서 잘 미끄러지는 것이 좋다.

(2) 파우더 퍼프

파우더 퍼프는 얼굴에 파우더를 바르는데 사용되며, 많은 양의 제품을 압축하여 바를 수 있으므로 가루로 된 파우더를 바를 때 사용하는 것이 좋다. 다양한 사이즈로 구할 수 있으며 절대로 피부에 문질러 발라서는 안되며 파우더를 메이크업 위에 살짝 눌러주어 고정시키기 위해, 혹은 과다한 번들거림을 제거하기 위해 사용한다. 여러 개를 준비하여 항상 청결히 사용해야 하며 얼굴에 남은 여분의 가루는 팬브러시로 털어낸다.

그림 2-2. 퍼프

(3) 스펀지

① V자 모양 스펀지

파이 모양으로 보통 라텍스로 만들어지며 메이크업을 바르는데 사용된다. 평평한 면은 파운데이션을 바르는데 사용하고, 모서리 부분을 이용하여 잘 닿지 않는 부분에 사용한다. 건조한 상태나 물에 적신 상태에서 모두 사용할 수 있다. 좋은 품질의 스펀지는 자연 피부의 모공과 흡사하고, 젖으면 팽창되는 경향이 있으며, 쓰기 좋은 다양한 모양으로 잘라 쓸 수 있다. 자주 세척하여 청결하게 사용해야 하며 상태가 나빠지면 가위로 잘라가며 사용한다.

② 천연 바다 해면

이 스펀지는 파운데이션을 바르는데 사용되며, 부드럽고 실크와 같은 재질을 가지고 있어 신체 메이크업에 이상적이다. 적절하게 사용되지 않으면 때로 표면에 줄이 간 것과 같은 모습이 나타날 수도 있다.

(4) 듀오 펜슬깎이

양쪽에 펜슬깎이가 달려있어 두껍거나 가는 립 펜슬, 아이 펜슬 등을 모두 깎을 수 있다.

그림 2-3. 스펀지

그림 2-4. 해면

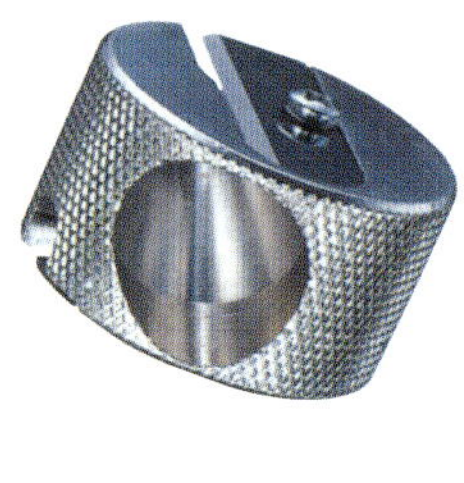

그림 2-5. 펜슬깎이

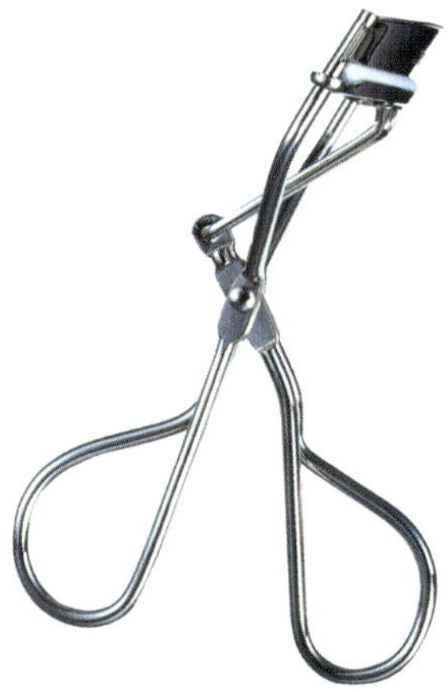

그림 2-6. 아이래시 컬러

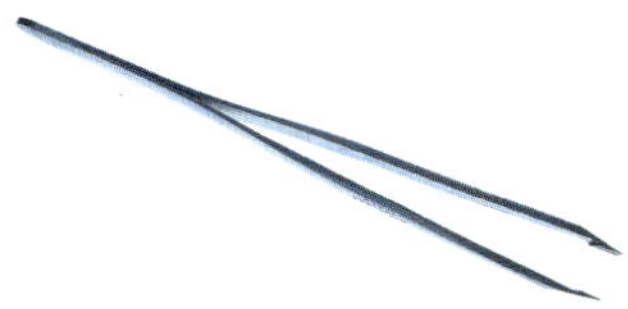

그림 2-7. 족집게

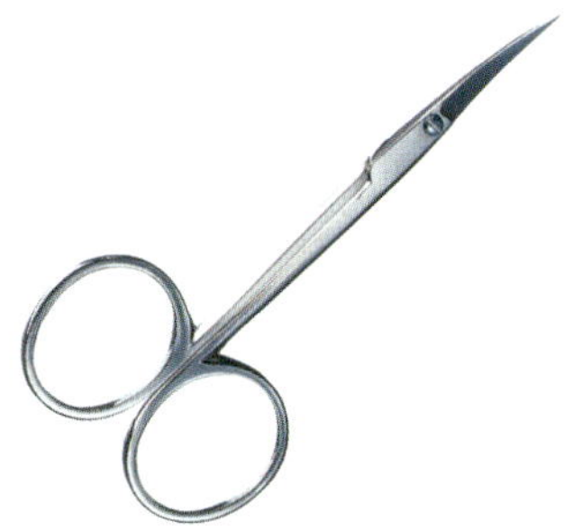

그림 2-8. 눈썹용 가위

(5) 아이래시 컬러

마스카라를 바르기 전에 속눈썹에 컬 *curl*을 만들 때 사용하며 뿌리부터 속눈썹이 꺾이지 않도록 조심하면서 2~3번에 나누어 눌러주면 자연스런 컬링 효과가 난다. 뷰러의 고무 부분은 청결해야 한다.

(6) 면화장솜

화장수를 바를 때와 부분 화장을 지울 때 사용하며, 유연화장수를 바를 때는 닦아내듯이, 수렴화장수는 두드리듯이 사용한다.

(7) 면봉

메이크업을 지울 때 사용된다. 부분 화장, 예를 들어 마스카라나 립스틱, 아이라인 같은 부분의 화장을 수정하거나 지울 때 사용하기가 좋다. 눈썹을 수정하거나 아이섀도를 그라데이션 시키는데도 편리한다.

(8) 족집게

불필요한 털을 제거할 때 사용된다. 고급 품질의 끝이 비스듬한 형태를 사용하도록 한다. 사용 후 수렴화장수나 알콜로 모공을 수축시키고 진정시켜야 한다.

(9) 팔레트

작업 중 색을 섞거나 크림 등을 잠시 저장하는대 사용된다.

(10) 눈썹 손질용 가위

눈썹 모양을 다듬는 소도구로써 눈썹 형태를 그려 놓고 자르는 것이 용이하다.

2) 메이크업 제품

(1) 메이크업 베이스

일정하지 않은 피부 톤을 균일하게 정리해 주고, 칙칙한 피부색을 화사하게 보정해 주는 동시에 피부를 보호하고 파운데이션의 밀착감과 지속력을 높여주는 역할을 한다. 사용감이 가볍고 산뜻한 로션 타입과 커버력이 우수한 크림 타입이 있으며 다양한 컬러가 있으므로 자신의 피부 톤과 상황에 맞는 컬러를 선택한다.

그린은 붉은 기를 감추면서 잡티와 여드름 자국을 가려주어 피부색을 밝게 표현해 준다. 퍼플은 동양인과 같이 노란 톤의 피부를 중화시켜 주고, 핑크는 창백한 피부 톤을 혈색 있게 바꾸어 주며, 화이트는 어둡고 칙칙한 피부를 화사하게 연출해 준다. 또한 살색은 피부 톤 수정보다는 자신의 피부색을 자연스럽게 표현해 주며, 오렌지는 태닝 메이크업을 할 때 효과적이다. 옐로는 피부의 붉은 기와 잡티를 완화해 주며, 피치 베이지는 칙칙한 피부 톤을 밝게 표현해 주고, 부드럽고 따뜻한 느낌을 준다. 또한 펄 입자가 함유된 메이크업 베이스를 사용하면 입체적인 광택감을 연출할 수 있다.

위에서 언급한 메이크업 베이스 본래의 기능 이외에도 환경적인 요인들로부터 보호하기 위한 자외선 차단, 탄력과 수분 공급, 주름 개선 피지 조절 등 다양한 기능을 겸한 제품들이 개발되어 있다.

그림 2-9. 메이크업 베이스

(2) 컨실러

감추고 싶은 피부 잡티나 결점을 효과적으로 커버해 주는 메이크업 제품이다. 내추럴하고 투명한 메이크업이 각광을 받기 시작하면서 컨실러의 사용이 점차 증가하는 추세이다. 컨실러 펜슬, 스틱, 콤팩트, 튜브, 크림, 리퀴드 등 그 종류와 형태가 다양하며, 피부개선 기능이 추가된 제품도 있다.

펜슬 타입은 소형과 대형 펜슬이 있으며 밀도가 높고 밀착도 잘 되며, 점막이나 립 라인 수정에도 쓸 수 있다. 스틱 타입은 휴대가 용이하고 튜브 타입은 오일 함유량이 높아서 점성이 있으며, 하이라이트를 줄 때 좋다. 크림 타입은 오일 성분이 적은 것이 좋고 밀착도가 좋은 편이며, 지우기도 편하다.

수술자국이나 문신, 여드름 흉터도 가릴 수 있는 커버력이 높은 것도 있다. 보통 자신의 피부색 보다 한 단계 밝은 컬러를 선택하는 것이 좋으며 컨실러 브러시나 손가락을 이용해 바른다. 컨실러를 바를 때 가장 중요한 것은 얇게 발라야 한다는 것이다.

그림 2-10. 컨실러

(3) 파운데이션

피부색을 통일시켜 아름다운 피부표현을 해주고, 피부의 결점을 가려줌으로써 포인트 메이크업이 더욱 돋보이게 하는 역할을 한다. 그리고 먼지, 바람, 자외선 등의 외부의 자극으로부터 피부를 보호하며, 하이라이트 *highlight*와 쉐이드 *shade*처리함으로써 얼굴의 윤곽을 수정하여 입체적인 얼굴로 완성시켜준다.

크림, 리퀴드, 젤, 파우더, 스틱 타입 등 다양한 종류가 있다. 크림 파운데이션은 보습력과 커버력이 우수하여 짙은 메이크업을 할 때나 건조함을 많이 느끼는 피부에 적합하며, 리퀴드 타입은 부드럽고 쉽게 퍼지며 내추럴한 마무리가 특징이어서 화장을 처음 시작하는 사람이나 자연스러운 화장을 원할 때 효과적이다. 보습 수분타입, 워터 프루프 타입, 커버력이 높은 타입, 펄이 첨가된 타입의 리퀴드 파운데이션도 있다.

젤 타입의 펄 파운데이션은 메이크업 베이스 다음에 사용하거나 파운데이션과 섞어서 사용하면 시머링 *shimmering*효과를 나타낼 수 있다.

고형 스틱 타입의 파운데이션은 커버력이 우수하기 때문에 결점이 많은 피부에 좋으며 사용이 간편해서 스피디한 메이크업에도 적합하다.

파운데이션과 파우더의 이중 효과를 주는 파우더 타입의 파운데이션은 다시 프레스드 파우더 타입과 흔히 트윈 케이크라고 불리는 타입, 수분 크림 파운데이션 타입 등으로 나눌 수 있다. 프레스드 타입의 파우더 파운데이션은 커버 효과보다는 투명하고 매트한 마무리 감을 주는 반면, 트윈 케이크는 커버력이 우수하며 퍼프를 그냥 사용하는지, 혹은 물에 적셔 사용하는지에 따라 매트, 혹은 촉촉한 느낌의 표현이 가능하다. 수분 크림 파운데이션은 파우더와 에몰리언트, 수분으로 구성되었으며 가볍고 부드럽게 피부에 밀착되며 촉촉한 수분감이 있어 건성 피부에 적당하다. 파운데이션은 뺨과 목의 경계 부분에 길게 펴 발라보아 자신의 피부색과 가장 가까운 컬러를 선택한다.

두세 가지 컬러를 혼합해서 바르는 것도 좋으며 새로운 컬러를 만드는 것과 함께 부위별로 컬러를 다르게 바르는 것도 좋다. 색상 뿐 아니라 질감이 다른 파운데이션을 믹스하는 것도 좋다. 즉 T존 부위에 매트한 제품을 바르고 나머지 부분에는 일반 제품을 바르면 화장의 지속성을 높이는데 도움이 된다.

얼굴이 하얗고, 깨끗한 경우 투명한 느낌의 파운데이션을 사용하는 것이 좋다. 특히 하얀 피부를 유지하고 싶다면 햇볕에 그을리지 않도록 주의해야 한다. 따라서 자외선 A와 B를 차단하는 UV제품의 파운데이션을 사용한다. 다 바른 후 지성피부는 파우더로 마무리를 해주고, 건성이나 중성 피부는 파운데이션만으로도 파우더를 바름 효과를 충분히 낼 수 있다. 피부색이 노란 편인 사람은 피부색과 비슷한 색상의 파운데이션으로 얼굴을 자연스럽게 표현하는 것이 중요하다. 피부색보다 진한 파운데이션을 사용하면 얼굴이 어두워 보이고, 피부색보다 밝은 색을 사용하면 화장이 자연스럽지 못하고 들떠 보인다.

파운데이션 사용 전 스킨 프라이머 *skin primer*를 사용하면 모공이 덜 보여 피부결이 고와 보이게 하고 번들거리는 부위의 과다한 유분을 조절해 주어 T존을 정돈하는 데 도움이 된다.

그림 2-11. 파운데이션

(4) 파우더

파운데이션 화장 후의 번들거림을 방지하고 피부를 부드럽게 표현해 준다. 메이크업을 고정, 지속시켜 주며 빛을 난반사시켜 자외선으로부터 피부를 보호해 준다. 페이스 파우더는 크게 루스 *loose* 파우더와 프레스드 *prssed* 파우더로 나눌 수 있다.

루스 파우더는 피부에 곱고 얇게 발라지며 자연스럽게 표현되는 것이 특징이다. 한편 가루가 날려 휴대하기 불편한 루스 파우더의 단점을 보완하여 고형으로 압축시킨 것이 바로 프레스드 파우더이다. 따라서 메이크업 시에는 루스 파우더를, 수정 메이크업 시나, 여행 시에는 프레스드 파우더를 사용하는 등 2가지 파우더를 효과와 기능에 맞도록 적절하게 함께 사용하는 것이 좋다.

페이스 파우더의 컬러 또한 무척 다양한데, 자신의 피부 톤과 메이크업의 목적에 알맞은 적절한 컬러를 선택한다. 투명파우더는 파운데이션의 색상을 그대로 표현해 줌으로써 자연스러운 투명감을 준다. 볼에 붉은 기가 있거나 잡티가 많은 사람의 경우 그린 컬러를, 피부가 창백해 보이거나 생기가 없다면 핑크나 오렌지 컬러를 선택한다. 또한 화이트 컬러의 페이스 파우더는 피부를 밝고 환하게 표현하거나 하이라이트를 주고 싶을 때, 브라운 컬러는 반대로 얼굴 윤곽을 돋보이게 하거나 음영 효과를 줄 때 사용한다. 그리고 퍼플은 화려함을 주기 때문에 파티나 특별한 모임의 메이크업과 화사하게 보이고 싶은 일반 메이크업에 적합하다. 밝은 살구색의 파우더는 하얀 피부를 하얗고 맑게 보이도록 도와준다. 노란색과 보라색은 보색 관계이기 때문에 보라색의 파우더는 피부의 색을 서로 보완 · 정리해 주는 역할을 한다.

파우더의 품질은 밀착력과 감촉, 흡수력이 좋아야 하며 가루 타입의 파우더 사용 시는 퍼프를 사용한 다음 털 브러시로 여분을 털어내고, 하이라이트용 파우더나 반짝이는 파우더는 화려한 화장이나 노출된 부위에 사용하기 좋다.

미세한 골드 펄이 들어간 브론징 파우더는 건강한 피부 톤을 표현하고 입체감을 살려 얼굴 윤곽을 잡아준다. 자연스러운 하이라이트를 주거나 여름철 태닝 효과를 줄 때도 효과적이다. 진주 빛 펄 입자가 함유된 파우더는 피부에 자연스러운 광택을 주며, 파운데이션이나 모이스처라이저와 섞어 사용하면 피부를 건강하게 표현할 수 있다.

비타민 C, E, 스쿠알렌 등이 함유된 파우더, 수분을 함유한 파우더, 피부 각질층의 수분 증발을 억제하고 과다한 피지를 흡수해서 번들거림을 방지하는 파우더 등 피부 개선과 메이크업 지속에 도움이 되는 기능이 첨가된 파우더도 있다.

그림 2-12. 루스 파우더

그림 2-13. 프레스드 파우더

그림 2-14. 윤곽 수정용 프레스드 파우더

(5) 아이브로우

가장 많이 사용하는 것은 펜슬 타입이며 아이브로우 펜슬의 심은 단단한 것을 선택한다. 자연스러운 눈썹을 표현하고 싶을 때는 케이크 타입의 아이브로우 제품이나 아이섀도를 펜슬과 함께 사용하는 것이 좋다. 또한 눈썹이 짙고 형태가 뚜렷한 경우는 투명마스카라를, 반대로 숱이 없어 빈약해 보일 때는 검정 마스카라를 활용하면 더욱 효과적이다.

일반적으로 눈이 크고 피부가 흰 사람이나 눈썹을 강조하고 싶을 때는 검정색을, 차분하고 자연스럽게 그리고 싶을 대는 회색을 이용하며, 부드러운 느낌을 주고 싶거나 피부톤이 갈색인 경우는 브라운 컬러를 사용한다.

(6) 아이섀도

아이섀도는 케이크 타입, 파우더 타입, 크림 타입, 펜슬 타입의 종류가 있다. 케이크 타입은 가장 색상과 종류가 다양하며 브러시나 스펀지 팁을 사용하여 바르고, 크림 타입은 부드럽고 매끄럽게 펴 발라지면서 밀착감이 우수하나 지성피부의 경우 번들거림이 심할 수 있다. 빠르고 간편한 아이 메이크업에 적합한 펜슬 타입의 섀도는 선의 느낌으로 눈매를 강조하고 싶을 때 사용하면 좋다. 펄이 첨가된 펜슬 타입의 아이섀도와 펄 파우더를 사용하면 시머링 *shimmering* 효과를 높일 수 있다. 가루 형태의 파우더 타입은 주로 아이섀도 위에 덧발라 펄 감이나 글리터링 효과를 줄 때 사용한다.

아이 메이크업이 잘 표현되도록 돕는 아이 프라이머도 있다. 아이 프라이머는 아이크림을 바른 후 바로 사용하거나 파운데이션 위에 사용한다. 부드러운 질감으로 눈가의 피부색을 고르게 보정해 주고, 컬러의 지속력을 높여주어 메이크업을 깔끔하게 유지시켜 준다. 아이 콜 펜슬, 크림 타입 아이섀도 등의 아이 메이크업 시 뭉침 없이 잘 펴 바를 때도 사용하면 좋다.

그림 2-15. 아이섀도

(7) 아이라이너

리퀴드 타입과 펜슬 타입과 케이크 타입, 크림 타입이 있다. 리퀴드 타입은 케이크 아이라이너와 달리 붓이 안에 같이 내장되어 있으며, 농도가 이미 조절되어 있고 선명하며 또렷하게 아이라인을 표현해 준다.

펜슬 타입의 아이라이너는 리퀴드에 비해 수정이 용이하고 표현 시 가장 자연스럽게 보이기 때문에 초보자가 사용하기에 적합하며 내추럴하고 은은한 느낌을 표현해 준다. 다양한 색이 있으며 심이 연한 것부터 여러 가지가 있어서 표현하고자 하는 효과에 따라 선택할 수 있다.

물에 개어 사용하는 케이크 타입 아이라이너는 작고 납작한 용기에 고체형으로 담겨 있으며 붓에 물을 묻혀 사용하는 타입으로 섞는 물의 양에 따라 농도가 조절되는 장점이 있어서 전문가들에게 적합한 아이라이너이다. 짙고 굵은 라인으로 복고적인 메이크업을 연출할 때 효과적으로 사용할 수 있다.

또한 아이라이너 펜은 농도가 이미 조절되어 있는 것은 리퀴드 아이라이너와 비슷하나 붓이 아닌 펠트로 된 팁이 달려 있다는 점이 다르다. 펄이 함유된 컬러 아이라이너 펜은 아이섀도처럼 넓게 그라데이션하여 사용할 수 있다.

초보자가 액체 타입의 아이라이너를 사용하기에는 붓 타입보다 편리한 장점이 있으나 색의 농도는 조절하기가 불가능하기 때문에 표현의 한계가 있고, 세척이 불편하여 비위생적으로 사용할 수 있다. 크림 타입은 부드럽고 선명한 아이라인을 표현할 수 있고, 아이섀도처럼 사용 가능하다.

피지 분비가 많은 지성피부나 땀을 많이 흘리는 여름철과 같은 계절에는 땀이나 물에 쉽게 지워지거나 번지지 않는 워터 프루프 *water proof* 타입의 제품을 선택하는 것이 좋으며, 보습과 피부보호 성분이 함유된 제품도 있다. 또한 아이섀도와 매치되는 컬러 라이너로 개성 있고 독특한 아이 메이크업을 연출할 수 있다.

그림 2-16. 아이라이너

(8) 마스카라

마스카라를 사용함으로써 풍부하고 볼륨감 있는 눈매를 표현할 수 있는데 브러시의 모양에 따라 효과가 달라지므로 자신의 속눈썹 상태에 맞는 브러시를 선택하는 것이 좋다. 속눈썹이 길면 브러시도 긴 것이 좋고 반대로 속눈썹 길이가 짧으면 브러시 길이도 짧아야 한다. 속눈썹 길이가 짧은데도 불구하고 무턱대고 긴 브러시를 사용하다 보면 눈 밑이나 윗 눈꺼풀에 마스카라 액이 묻어 지저분해지기 쉽다. 브러시의 술은 많고 풍성할수록 좋다.

마스카라는 전반적인 아이 메이크업에 맞추어 연출해 주는 것이 중요한데 내추럴한 메이크업에는 자연스러운 속눈썹을, 짙고 화려한 메이크업에는 볼륨 마스카라나 롱 래시 마스카라를 이용하여 좀 더 풍성하게 연출해 준다.

볼륨감과 컬링이 동시에 가능한 마스카라, 속눈썹에 영양을 주는 성분이 포함된 마스카라도 있다. 또한 아이섀도와 어울리는 컬러 마스카라를 이용하면 좀 더 개성 있고 독특하며 신비한 눈매를 표현할 수 있다.

투명마스카라는 여러모로 쓰임새가 많은데 아주 내추럴한 화장에는 투명 마스카라를 이용해 속눈썹에 맑고 깨끗한 입체감을 줄 수 있고, 아이브로우 메이크업 시 눈썹을 정돈해 주고 눈썹 숱을 풍성하게 하는 데도 효과적이다. 눈썹용 브러시에 마스카라 액을 살짝 묻혀 눈썹을 그릴 때 사용하면 의외로 생동감 넘치는 눈썹 표현을 할 수 있다. 눈썹을 표현하며 정리하는 단계에서 투명 마스카라를 사용하면 생동감 있는 눈썹을 연출할 수 있다.

마스카라를 바르기 전에 화이트 크림 타입의 래쉬 프라이머를 사용하면, 바르는 순간 투명하게 건조되어 마스카라를 바르기 쉬운 상태로 되어 더 길고 풍성한 속눈썹을 연출할 수 있다. 마스카라가 뭉치지 않고 부드럽게 잘 발리며, 눈 밑에 번지는 것을 방지할 때도 사용하면 좋다.

그림 2-17. 마스카라

(9) 입술용 제품

고형으로 된 스틱 타입 외에 리퀴드나 크림으로 된 립글로스, 립크림, 립 라이너 펜슬, 립 틴트 등이 있다. 특히 최근에는 다양한 립글로스 제품들이 많이 선보이고 있으며, 립글로스만으로 립 메이크업을 표현하기도 한다.

흰 피부에 짙은 핑크 톤은 밝고 화사한 부위기를 준다. 그러나 하얀 피부이면서 입술이 두터운 사람은 밝은 핑크 톤은 피하는 것이 좋다. 황색 피부는 전체적으로 지나치게 튀지 않게 하는 것이 필요하며, 오렌지 계열이나 오클 계열을 사용하면 전체적으로 통일감을 주면서 피부색을 자연스럽게 커버할 수 있다.

① 립스틱

매트한 타입부터 크리미한 타입까지 다양한 질감이 있으며 색도 다양하다. 유행 트렌드에 따라 여러 색과 질감이 있으며 색도 다양하다. 유행 트렌드에 따라 여러 색과 질감이 선택되는데 입술을 매트하게 표현하기 위해서는 립스틱을 바르고 나서 휴지로 입술을 가볍게 눌러 유분기를 없앤 다음 파우더를 가볍게 묻히고 립스틱을 한 번 더 발라준다.

립스틱을 바르기 전 립 프라이머를 사용하면 립스틱과의 밀착력을 높여 입술 화장이 번짐 없이 오래 지속되는 데 도움이 된다.

② 립글로스

튜브형의 용기에 들어 있어서 짜서 쓰거나, 납작한 용기에 들어 있어서 립 브러시를 사용하는 타입, 스틱형의 용기에 플라스틱 브러시나 팁 브러시가 내장된 타입 등 여러 가지가 있다.

끈적거리는 점성이나 반짝거리는 정도가 제품마다 차이가 있으며 립글로스도 색이 다양하며 펄이 들어간 것도 있다. 립글로스 사용 시 좀 더 투명 감 있는 화장으로 표현할 수 있으며 아랫입술 가운데 부분만 사용해서 더 도톰하게 보이도록 하이라이트 효과를 줄 수도 있다.

그림 2-18. 립스틱과 립글로스

③ 립 밤

무색, 무광택의 타입이 좋으며 입술을 보호하는 목적이나, 튼 입술을 치유하는 목적에서 사용하는 타입의 입술용 제품이다.

④ 립라이너 펜슬

립스틱을 사용하기 전에 입술의 모양을 원하는 대로 교정하거나, 립스틱이 시간이 경과한 후에도 립 라인 밖으로 번져 나가지 않게 막아주는 역할을 하며 입술선이 더욱 뚜렷해 보이도록 한다.

⑤ 립 틴트

리퀴드 타입과 크림 타입 등이 있으며, 아랫 입술과 윗 입술 중앙에 바르고 그라데이션하여 자연스러운 입술을 표현할 수 있다. 블러셔로도 사용이 가능하다.

(10) 블러셔

블러셔 제품에는 케이크와 파우더 타입, 그리고 크림 타입 등이 있다. 가장 보편적으로 사용되는 케이크 타입은 색감 표현이 쉽고 자연스러워 화장을 처음 시작하는 초보자도 쉽게 사용할 수 있다. 동글동글한 입체 알갱이로 되어 있는 블러셔 역시 자연스러운 마무리와 화사함을 주며 브러시를 이용해 펴 바른다. 크림 타입은 촉촉하고 부드러운 사용감과 함께 혈색과 입체감을 효과적으로 표현할 수 있는데, 뭉치지 않고 자연스럽게 펴 바르기 위해서 테크닉이 요구되며 보통 손가락이나 스펀지를 이용해서 발라준다.

파우더 타입은 색이 잘 섞여서 다른 색과 섞어서 사용할 때 좋으며, 젤 타입은 건조한 피부에 윤기를 주고 건강함을 표현하기에 위해 사용할 때 좋다.

파우더 타입의 제품을 바를 때는 합성 모 브러시보다 자연 소재의 말총이나 족제비 털이 좋으며 반드시 얼굴 페이스 파우더를 바른 후 사용해야 한다. 브러시에 블러셔가 과다하게 묻었을 경우에는 화장지에 조금 털어낸 다음 쓰며, 너무 진하게 발라졌거나 경계와 얼룩이 생겼을 때는 브러시를 투명 페이스 파우더에 넣어 섞은 다음 바르거나 퍼프에 페이스 파우더를 묻혀 수정한다.

젤 타입과 크림 타입은 파운데이션을 바른 후 파우더를 고정시키기 전에 사용하거나, 모이스춰라이저, 파우더 위에 사용하면 촉촉하고 건강한 느낌을 표현할 수 있다.

블러셔 컬러는 자신의 피부색은 물론 전체적인 메이크업 이미지를 고려하여 선택하는데, 레드가 가미된 로즈 핑크는 우아하고 여성스러운 이미지를, 파스텔 톤의 화사한 핑크는 귀엽고 사랑스러운 느낌을 준다. 또한 지적이고 세련된 이미지에는 브라운 계열이, 건강하고 생동감 있는 표정에는 오렌지 계열의 컬러가 잘 어울린다.

2. 얼굴 구조의 이해

오늘날 인류 최고의 그림으로 선사시대에 그려진 동굴벽화가 상당수 남아있다. 당시의 사냥모습이나 각종 의식행사 등을 그린 그림으로 오늘날 우리 눈에도 아주 아름답고 정확하게 묘사되어 있다. 이 벽화는 채색되거나 반점을 넣거나 또는 입체감을 나타내고자 한 것도 있지만 무엇보다도 정확한 윤곽화였다는 점이 중요하다.

입체적인 대상의 윤곽을 선으로 표현하여 깨닫게 하는데는 뛰어난 예술적 안목이 필요하다. 그것은 대상물의 주위나 현실에 윤곽선이 실제로 존재하는 것이 아니라 명암, 색채, 입체감, 움직임 등의 요소에 의해서 대상물의 윤곽이 나타나기 때문이다.

그리스시대의 그림은 주로 선으로 그려진 상징적인 것이었고 그리스인의 철학이 이상화되어 있어서 자연스러운 사물 그대로의 인체 형태를 아름답게 표현하고 있으나 도자기에 그려진 장식적인 그림 이외에 본격적인 회화의 자료는 거의 남아 있지 않다. 15세기 이탈리아 르네상스 시대까지는 인체 세부에 걸친 연구와 그에 따른 인물화의 진정한 시작을 볼 수 없었다.

그러나 미켈란젤로와 레오나르도 다빈치는 그 때까지 없었던 유려함과 강력함으로 관찰의 기초를 이룩했는데 모델을 관찰하여 그리는 것만으로는 만족할 수 없었으므로 인체구조가 어떻게 움직이고 있는지 알아야만 한다고 생각하여 인체해부학의 연구를 통해 미술해부학의 기초를 더욱 확실히 다져놓았다. 인체의 구조를 알아야 더욱 정확한 그림을 그릴 수 있다고 느낀 것이다.

인체표면에 나타난 기복이나 움푹 패인 곳 중에 어느 것은 표면에만 국한되므로 경우에 따라서는 무시해도 좋지만 어느 것은 인체구조를 나타내는 중요한 의미를 갖고 있으므로 중요하게 취급되어야 한다. 그러나 그것을 구분하는 것은 매우 어렵다. 따라서 인체표면의 형태를 구성하는 인체의 내부의 구조를 이해할 수 있는 인체해부학적 지식은 예술적으로 인물을 표현하기 위해서는 꼭 필요하다.

마찬가지로 뷰티 메이크업이나 분장 분야에서도 인체해부학은 필수불가결한 분야이다. 특히 얼굴부분의 골격과 근육에 대한 이해는 어떤 작품에서 특정한 성격으로 인물을 변화시키기 위해서는 꼭 필요하며 정확한 골격의 구조를 파악함으로써 메이크업 아티스트는 얼굴모습을 더욱 아름답게 표현할 수 있게 된다.

1) 얼굴의 골격

얼굴의 뼈와 안면 근육에 대한 지식은 분장의 경우 등장인물의 성격을 파악하는 기본이 되고, 등장인물의 나이 변화에 절대적 기준이 되며 뷰티 메이크업에 있어서도 젊고 건강해 보이는 이미지를 연출할 수 있는 기준이 된다.

두개 *Skull*는 뇌가 담겨 있는 상자를 형성하고 있는 두개골 *Cranial Bones*과 얼굴을 만들고 있는 안면골 *Facial Bones*로 구분할 수 있다. 두개골은 전두골, 두정골, 측두골, 후두골, 접형골, 사골 등으로 이루어져 있으며, 안면골은 상악골, 하악골, 권골, 비근골, 누골, 구개골, 하비갑개골, 서골 등으로 이루어져 있다.

두개골은 전체적으로 21개의 뼈로 이루어져 있고 그것들은 전체로 결합된 하나의 단위로써 작용하고 있지만, 낱낱이 분리될 수도 있다.

어린 아이의 머리에는 각각의 뼈가 약간의 갈라진 틈을 남기고 느슨하게 결합해 있지만, 만 2세까지 그 뼈들은 단단하게 접합하여, 그 맞추어진 틈은 서서히 사라지고, 서로 인접한 뼈가 융합된다. 머리의 대부분은 뇌를 넣는 공간으로 이루어져 있다. 그리고 그 외의 부분은 안면 골격이라 불린다.

이마 부분은 전두골이라는 큰 뼈로 이루어져 있는데, 눈썹의 융기와 안와(눈구멍)의 위쪽을 형성하고 있다. 이마는 분명히 보통 얼굴로 보여지는 부분의 윗부분을 형성하고 있지만, 동시에 뇌가 들어 있는 공간의 앞면 부분이기도 하다. 전두골의 옆에 두 개의 커다란 두정골이 있고, 머리와 중심선의 위쪽에서 결합하고 있어 머리의 측면과 뒤쪽의 대부분을 형성하고 있다. 두정골의 뒤쪽에는 후두골이 있고, 나뭇잎 모양으로 뒤로 기울어져 있어서 머리의 뒤쪽과 밑부분을 이루고 있다. 후두골은 목과 척추의 강력한 신근이 그곳에 붙기 때문에 아주 거친 표면을 하고 있다.

두정골 아래 머리의 측면에 측두골이 있고, 머리의 밑부분을 향해 약간 넓게 놓여 있다. 측두골은 다시 두 개의 부분으로 나뉘어진다. 하나는 외이도 위쪽의 넓은 인상부(비늘 모양 부분)에서 돌출되고 있는 협골(뺨의 뼈)돌기이다. 고실판이라 부르는 작은 골판이 귀쪽의 앞면과 뒤쪽의 벽을 형성하고 그곳에서 아래를 향해 정상돌기가 나와있다. 측두골의 나머지 다른 한 부분은 추체(뿔체)라 부른다.

협골은 보통 광대뼈라고 불리우는 곳인데 뺨의 형태를 만들고 안와의 표면 아래쪽 부분을 형성한다. 이 협골이 낮은 경우에는 얼굴이 평면적으로 보이기 때문에 협골 아래와 뒷쪽에 베이스 파운데이션보다 1~2단계 어두운 파운데이션으로 음영을 줌으로써 협골이 솟아보여 입체감있는 얼굴로 표현할 수 있다. 또 얼굴의 아래부분, 즉 하악골의 넓이가 넓어 좁게 보이고 싶을 경우에도 유효하다.

접형골이 머리를 완전히 감싸는 형태로 이루어지고 또 그것은 안와의 대부분을 형성하고 있다. 안와의 원추형을 한 내면과 네모진 바깥쪽의 형태를 이루고 있는 것은 사골과 누골이다. 주로 이 두 개의 뼈가 양 눈의 간격을 결정한다. 비량(콧등)은 두 개의 비골로 형성되어 있다. 안와의 윗쪽부분은 아이섀도 메이크업시 눈을 커보이게하는 방법의 하나인 '아이홀 메이크업'의 기준선이 되기도 한다.

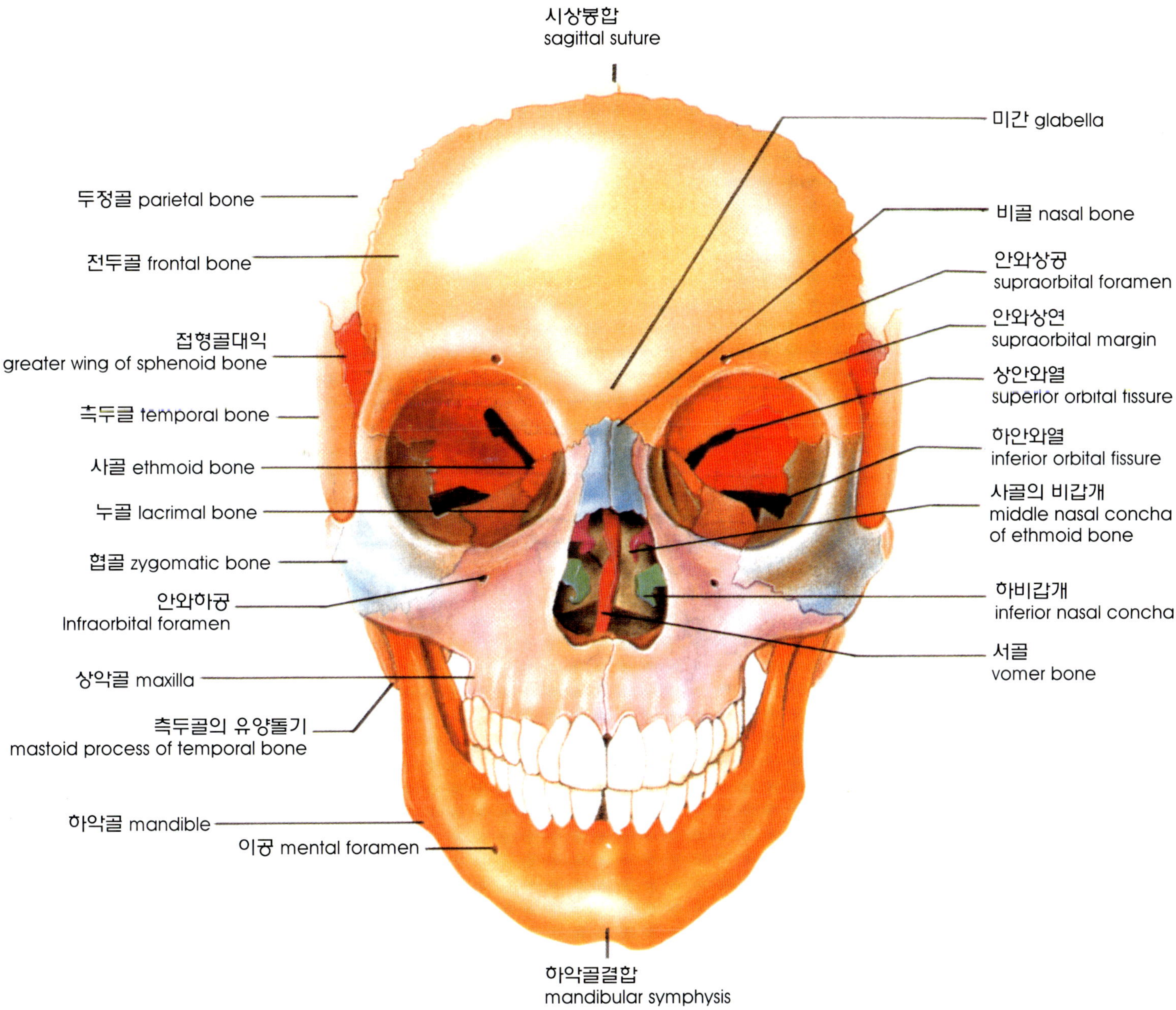

그림 2-19. 두개골의 전면

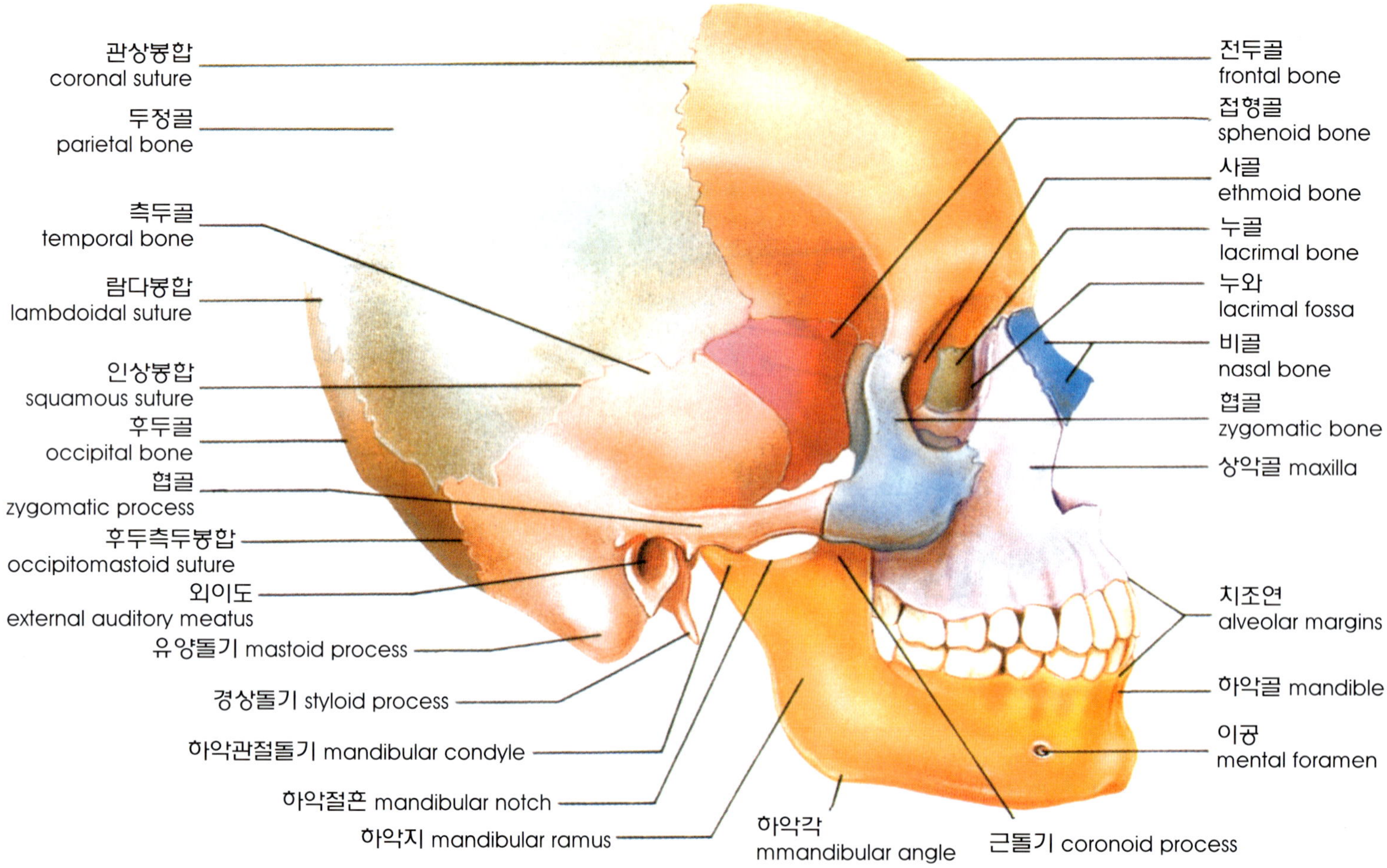

그림 2-20. 두개골의 측면

상악골과 협골은 얼굴 표면에 뚜렷이 나타나 있다. 두 개의 상악골은 위턱의 모양을 만들며 또한 비골과 결합하여 코 양측의 모양을 만든다. 상악골의 일부는 비강의 안쪽(협골 아래의 뒤를 향한 부분)으로 넓어 지고, 구개를 형성한다. 그 앞쪽 벽의 아래에 치조돌기라 부르는 부분에는 치조가 있고 윗입술 근처의 기본적인 모양은 이 돌기에 의해 결정된다. 협골은 뺨의 형태를 만들고 안와의 앞면 아래쪽 부분을 형성한다. 또 상악골의 협골돌기와 측두골의 협골부가 협골궁을 이루고 있다.

아랫니는 하악골이라 불리는 뼈 속에 있다. 하악골은 V자형을 하고 있으며, 그 좌우의 뒤쪽 끝에서 위쪽으로 돌출되어 있고, 납작하고 폭이 넓게 갈라져 있다. 각각의 분기에는 위쪽으로 돌출한 두 개의 돌기가 있는데, 앞쪽의 관절 결합이 없는 돌기는 근돌기이고 뒤쪽의 관절돌기라 불리는 것은 측두골과 관절이 결합하여 하악관절을 형성하고 있다.

하악골은 얼굴형을 결정짓는 중요한 요소로써 이 부분이 각이 지면서 넓으면 사각형의 얼굴이 되고 각이 없이 매끈하게 형성되어 있으면 긴 얼굴이나 역삼각형 다이아몬드형의 얼굴을 갖게된다.

하악골, 상악골, 비골, 협골, 안와 및 전두골의 상대적인 크기, 형태, 상호의 간격은 매우 다양하고 미묘하여 인간 개개인의 얼굴이 하나밖에 없는 개성을 갖는다. 물론 얼굴의 표면은 뼈의 형태를 덮은 근육과 표면의 조직에 의해 형성되고, 일생 동안 점점 변화한다. 그러나 속에 있는 뼈의 구조가 용모의 기본이 되고 그것은 크게 변하지 않기 때문에 청장년에서 노년에 이르기까지 개개인의 얼굴을 구별하는 것은 어렵지 않다. 보통 6세에서 12세 사이에 상악골이 자라고, 어린아이 같은 둥근 얼굴이 성인의 얼굴로 되어 가지만, 개개인의 용모를 구별하기 어려울 정도로 변하지는 않는다.

2) 얼굴의 근육

얼굴의 근육은 메이크업시 메이크업 베이스와 메이크업 파운데이션을 바르는 방법에 있어 중요한 방향을 설정해 준다.

머리와 얼굴의 근육은 뼈의 구조에 의해 결정되는 머리와 얼굴의 기본적인 형태를 크게 변화시키지는 않는다. 얼굴의 긴장이 풀어져 있을 때, 근육은 움푹 패인 곳을 메우며, 딱딱한 표면을 매끄럽게 하고 있지만 근육의 수축때는 두개골의 뼈의 기본적인 형태가 밖으로 드러난다.

측두근은 커다란 부채꼴 모양의 근육으로 그 기시부는 측두부의 움푹 패인 곳 전체를 메우고 있고, 마지막에 하나의 힘줄에 모여서 협골궁 뒤쪽을 지나 부착부에 이른다. 이 근육은 하악골의 근돌기를 실질적으로 덮고 있으며, 하악지 앞면의 가장자리를 아래쪽으로 뻗고 있다.

안륜근 위에 있는 추미근은 메이크업 시 눈썹을 그릴 때 가장 고려해야 할 근육이다. 예를들어 TV메이크업중 아나운서 메이크업을 할 때 정면에서 보아 양쪽의 눈썹이 정확히 대칭이 되어야 하나 아나운서는 계속 말을 해야하므로 말을 할때마다 이 추미근으로 인해 양쪽 눈썹이 대칭이 되지 않는 경우가 많다. 따라서 이런 경우 눈썹을 그릴 때 미리 근육의 움직임을 파악해 그리면 완벽한 아나운서 메이크업을 할 수 있다.

얼굴 표정에 관계하는 근육이라고 해도 좋은, 그 아래에 형태가 밖으로 나타나 있는 것으로써 구각하제근이 있다. 그것은 턱끝 바로 바깥쪽의 하악골에 기점이 있고 입의 가장자리와 구륜근에 융합하고 있다.

하순하제근은 턱끝을 덮어서 보통의 표정 때 인체의 턱밑이 둥근 형태가 되도록 한다. 표층 섬유에 섞여 있는 지방도 같은 역할을 하고 있으며 근육이 활동할 때 자주 보조개가 생기는 것도 이 때문이다.

구륜근은 보통 단순히 입 주위에 있는 띠로 그려지지만 그것보다는 더 복잡하고 주변의 근육에서 섬유가 그물 모양으로 조합된 것으로 이루어져 있다. 이 구륜근의 모양에 따라 입꼬리의 처짐과 상승이 결정되어 입술 수정시 중요한 부분이 된다.

상순비익거근은 상악골의 앞면 위쪽 부분의 눈과 코 사이를 기점으로 하여 앞으로 뻗고, 두 개의 근육 조각에 의해 코의 연골과 상순에 부착되어 있다. 상순거근, 대협골근 및 소협골근은 협골궁의 바로 아래를 기점으로 하고 있다.

한편, 안륜근은 비교적 단순한 괄약근 모양의 근육이다. 그러나 안검부(눈꺼풀 부분)는 안와부와 독립하여 운동할 수 있다.

눈썹 주위에서 머리 아래까지 머리의 둥근 부분(돔) 전체를 덮고 있는 것은 후두-전두근이라 불리는 폭이 넓은 섬유 근육질 층이다. 따라서 앞면의 근육층은 모상건막이라 불리는 건막에 의해 후두부에 결합하고 있다.

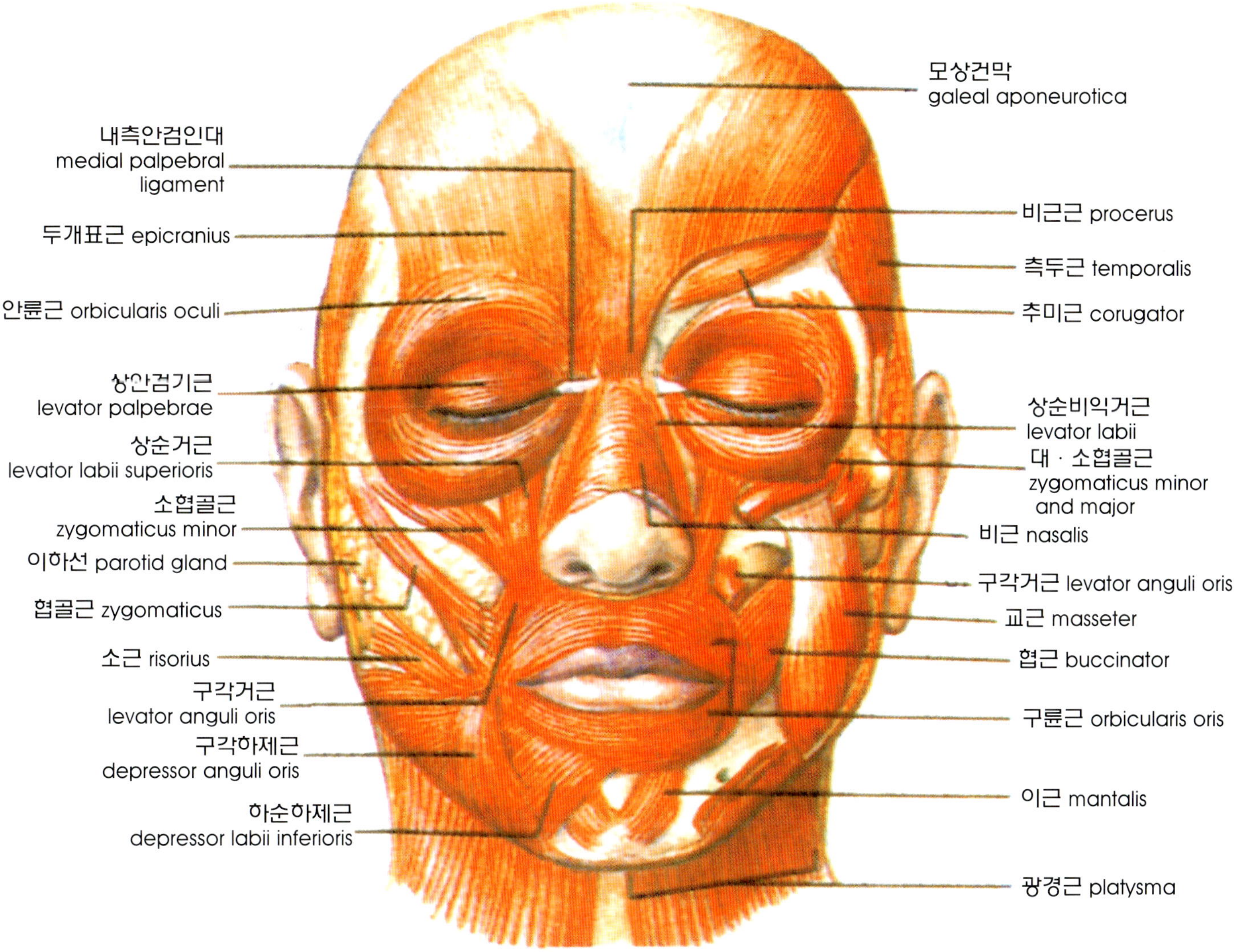
모상건막
galeal aponeurotica
내측안검인대
medial palpebral ligament
두개표근 epicranius
안륜근 orbicularis oculi
상안검기근
levator palpebrae
상순거근
levator labii superioris
소협골근
zygomaticus minor
이하선 parotid gland
협골근 zygomaticus
소근 risorius
구각거근
levator anguli oris
구각하제근
depressor anguli oris
하순하제근
depressor labii inferioris
비근근 procerus
측두근 temporalis
추미근 corugator
상순비익거근
levator labii
대 · 소협골근
zygomaticus minor and major
비근 nasalis
구각거근 levator anguli oris
교근 masseter
협근 buccinator
구륜근 orbicularis oris
이근 mantalis
광경근 platysma

그림 2-21. 안면근(전면)

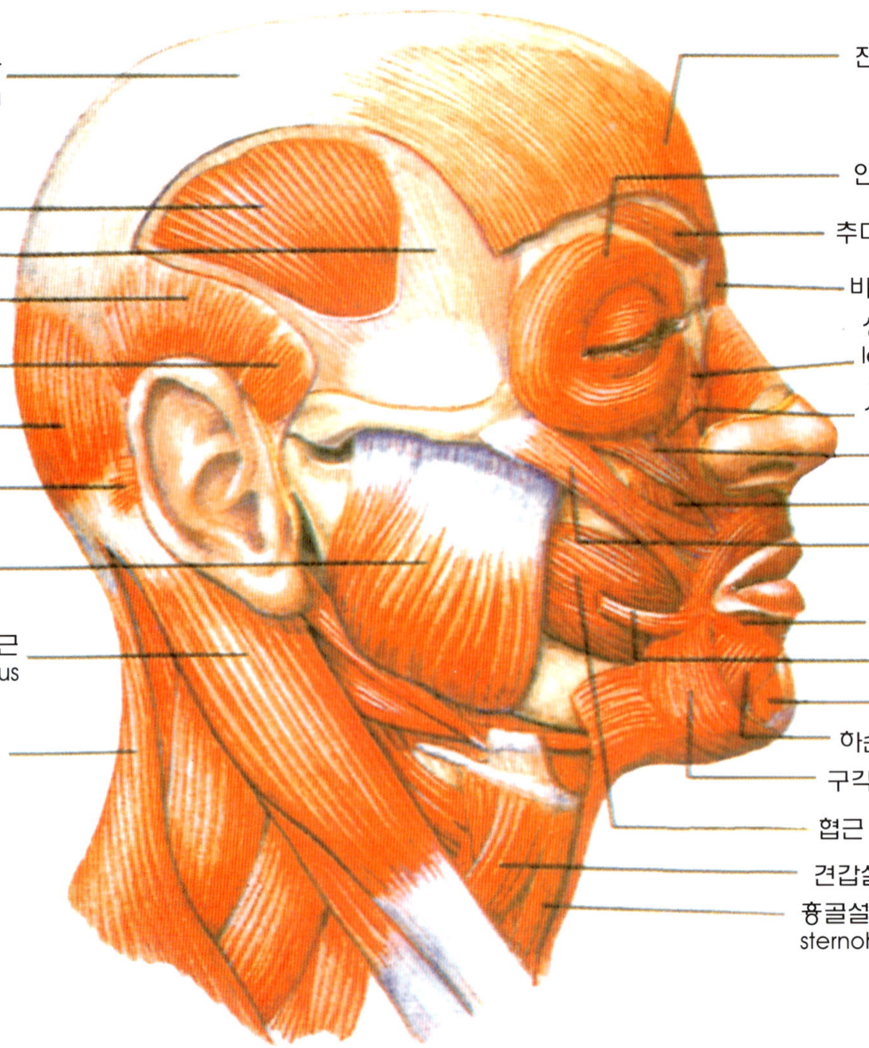
모상건막
galea aponeurotica
측두근 temporalis
측두근막
temporalis fascia
상이개근
auricularis superior
전이개근
auricularis anterior
후두근 occipitalis
후이개근
auricularis posterior
교근 masseter
흉쇄유골근
sternocleidomastoideus
승모근 trapezius
전두근 frontalis
안륜근 orbicularis occuli
추미근 corrugator
비근근 procerus
상순비익거근
levator labii superioris
alaequenasi
상순거근 levator labii superioris
소협골근 zygomaticus minor
구각거근 levator anguli oris
대협골근
zygomaticus major
구륜근 orbicularis oris
소근 risorius
턱(끝)근 mentalis
하순하제근 depressor labii inferioris
구각하제근 depressor anguli oris
협근 buccinator
견갑설골근 omohyoideus
흉골설골근
sternohyoideus

그림 2-22. 안면근(옆면)

3) 페이스 프로포션 Face Proportion

(1) 가로분할

얼굴 정면을 가로로 분할하면 헤어라인에서 눈썹까지, 눈썹에서 코밑까지, 코밑에서 턱끝까지 3등분으로 나누어진다.

(2) 세로분할

얼굴 정면을 세로로 분할하면 옆 헤어라인에서 눈꼬리까지, 눈꼬리에서 눈앞머리까지, 눈앞머리에서 반대 눈앞머리까지, 눈머리에서 눈꼬리까지, 눈꼬리에서 헤어라인까지 5등분으로 나누어진다.

(3) 눈썹의 위치

이상적인 눈썹의 위치는 얼굴 길이의 1/3되는 지점에 위치한다.
눈썹 앞머리에는 콧볼에서 수직으로 올린 선에서 시작하고 눈썹꼬리는 콧방울 끝에서 눈꼬리를 지난 연장선과 만나는 지점에 위치한다.

(4) 눈머리 위치

눈머리는 콧볼과 콧방울의 중간에서 수직으로 올린 선에 위치한다.

(5) 눈과 눈사이의 거리

이상적인 눈과 눈사이의 거리는 눈의 넓이와 같다.

(6) 코끝의 위치

코끝의 위치는 이마에서 약 2/3되는 지점에 위치한다.

(7) 콧방울의 넓이

콧방울의 넓이는 입술 길이의 약 1/2 정도의 크기가 적당하다.

(8) 이상적인 입술

입술은 모델이 정면을 바라보고 있을 때 눈동자 안쪽선의 연장선과 만나는 지점이며 비율은 윗입술 1 : 아랫입술 1.5인 경우이다.

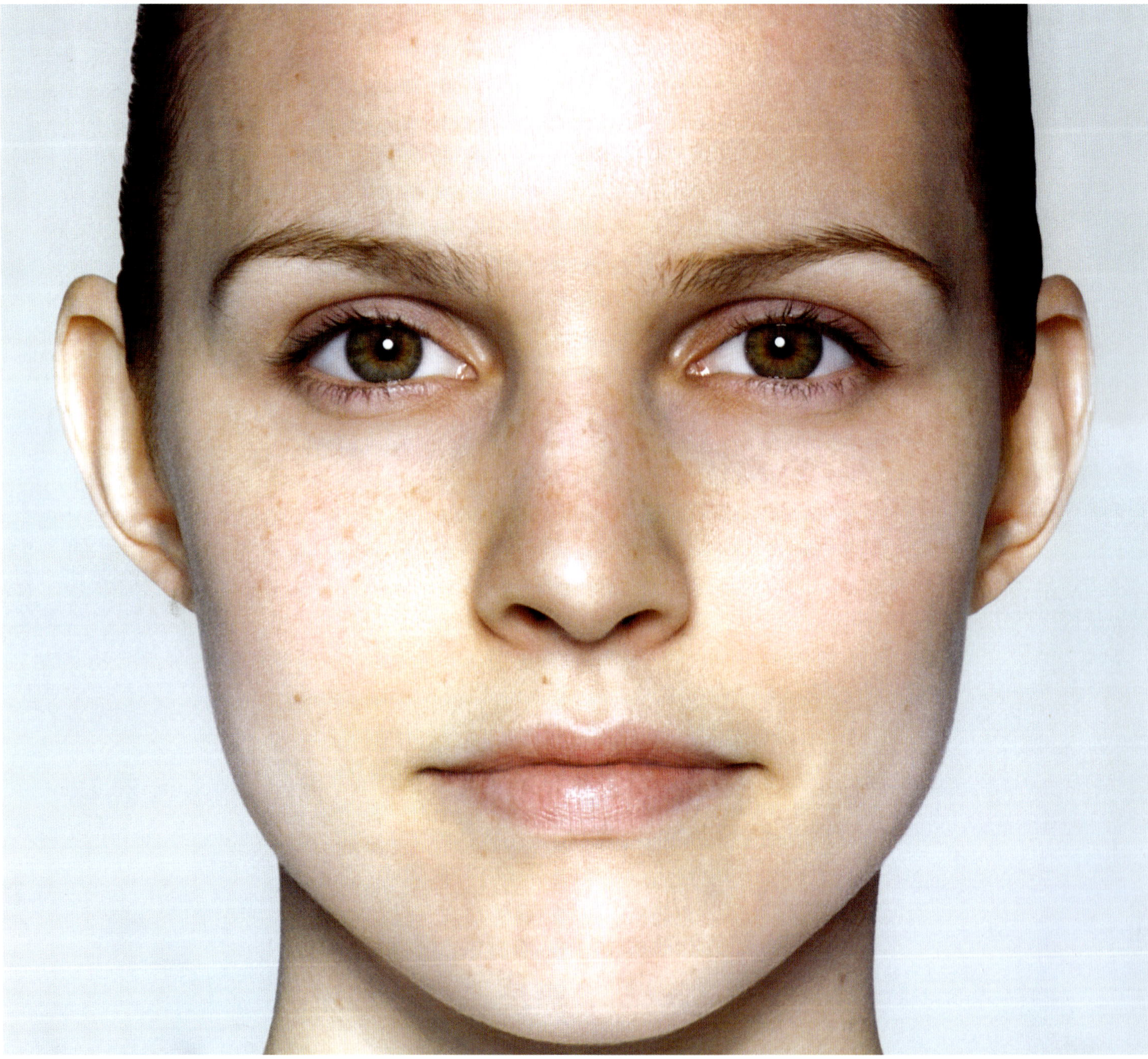

그림 2-23. 비례는 얼굴의 아름다움을 규정하는 가장 고전적인 규범이다.

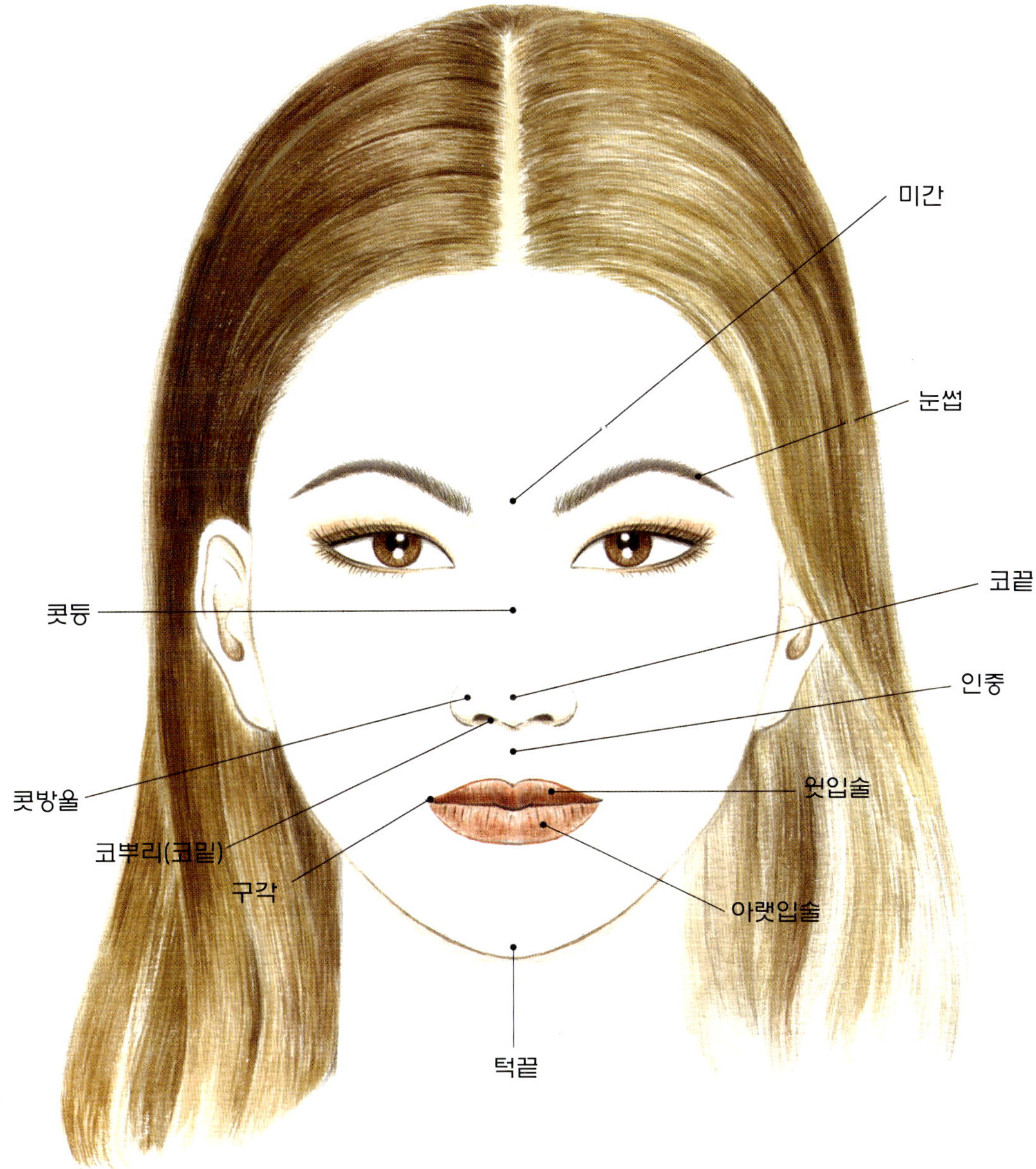

그림 2-24(a). 페이스 명칭

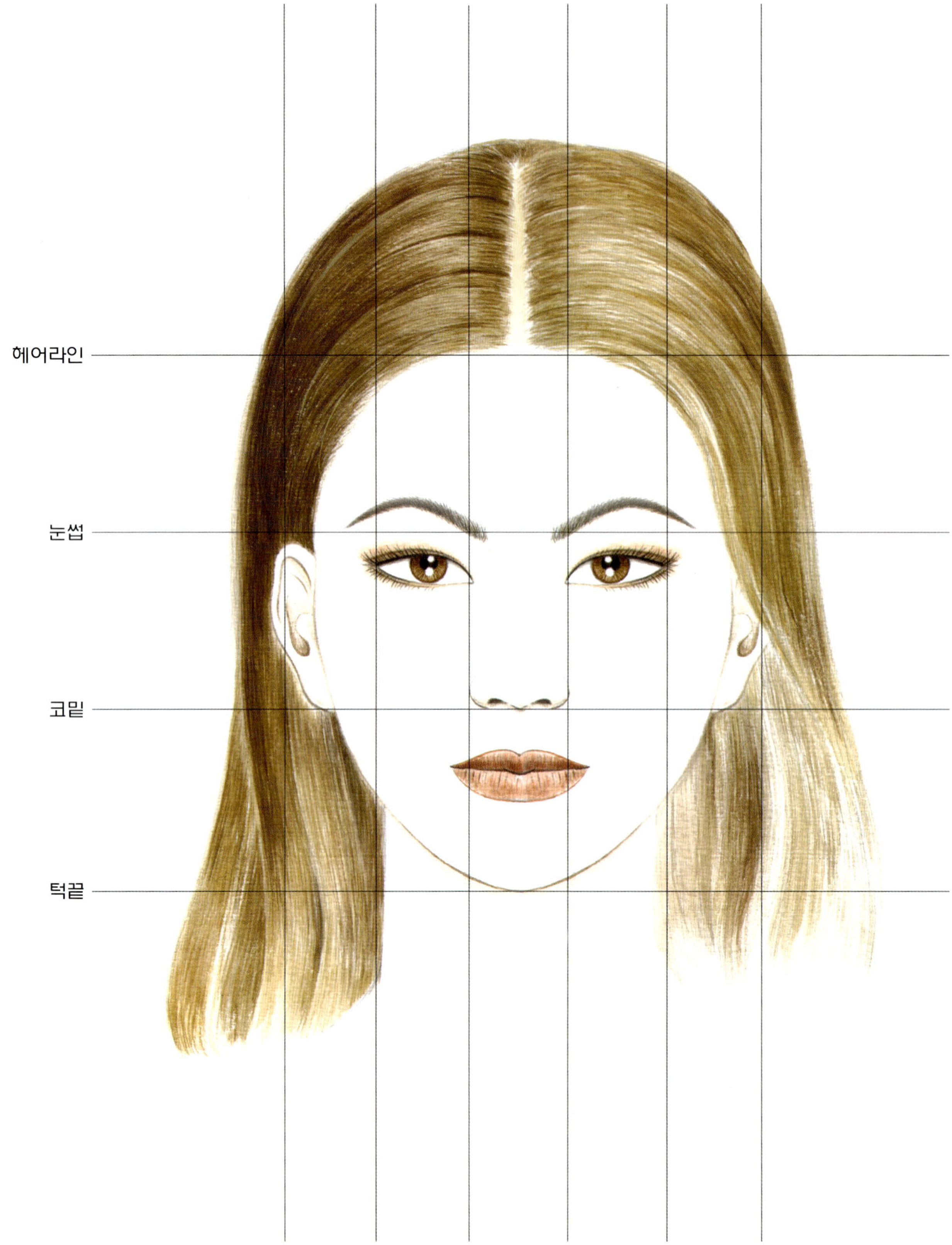

그림 2-24(b). 페이스 프로포션

4) 얼굴의 하이라이트와 섀도

얼굴뼈의 구조를 분석하면 메이크업을 할 때 강조해야 할 부분과 숨겨주어야 할 부분에 대한 사전 판단에 도움을 얻을 수 있다.

하이라이트(좀 더 밝은 부분)와 섀도(좀 더 어두운 부분)를 솜씨있게 처리함으로써 자신의 얼굴의 단점을 보완하거나 장점을 더욱 매력적으로 드러낼 수 있다. 섀도나 하이라이트 제품은 파운데이션을 바른 후, 혹은 색조제품을 바르기 이전에 얼굴 전체를 밑칠하는 과정에서 발라 주어야 한다.

하이라이트 *Hightlight*는 얼굴 일부분을 돋보이게 하여 더 크거나 풍만하게 보이도록 하기 위한 것으로 자신이 선택한 기본 파운데이션 색상보다 2~3단계 밝은 색을 사용하며 제품의 종류에는 크림, 파우더, 리퀴드 타입이 있다.

섀도 *Shadow*는 하이라이트와는 반대로 얼굴의 일부분을 들어가 보이도록 하는데 쓰이며 선택한 기본 파운데이션 보다 2~3단계 어두운 색상을 사용한다. 이때 주의할 점은 붉거나 번들거리는 색상과 질감을 피하는 것이 좋다.

특히, 하이라이드와 섀도가 만나는 부분을 처리할 때는 경계선이 나타나지 않도록 해야 하며 변화를 요하는 부분에 정확하게 위치를 정해야 한다.

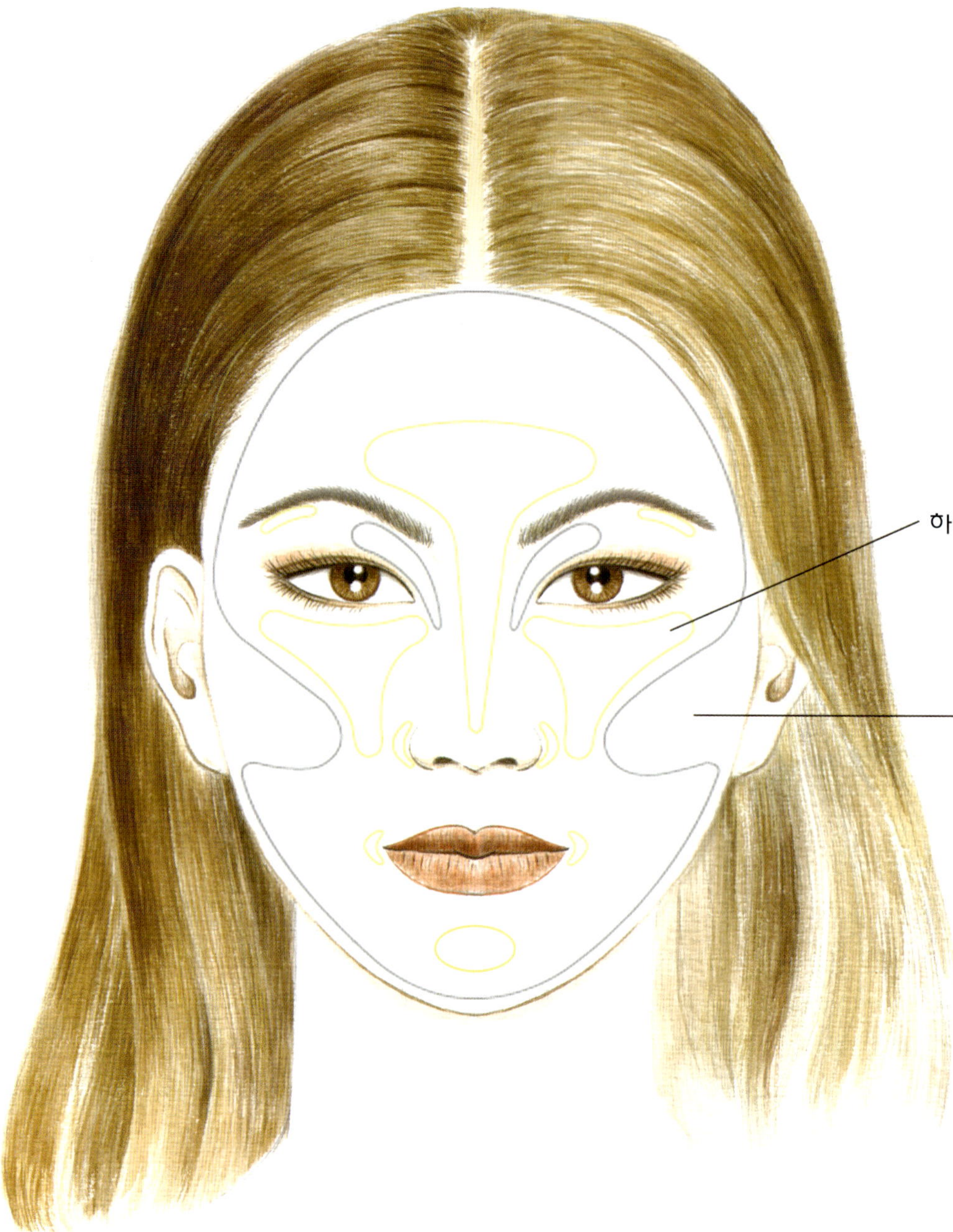

그림 2-25. 얼굴의 하이라이트와 섀도의 기본위치

3) 얼굴형과 부분에 따른 수정 메이크업

(1) 얼굴형

① 둥근 얼굴형 *Round Face*

볼과 턱선이 풍만하고 이마와 헤어라인의 경계선도 둥그스름한 귀여운 이미지의 얼굴형으로 한국인에게서 많이 볼 수 있는 타입이다. 그러나 성숙한 이미지의 메이크업이 필요한 경우에는 세로의 선이나 상승선을 이용해 둥근 전체 얼굴형이 갸름해 보이도록 한다.

② 각진 얼굴형 *Square Face*

이마와 헤어라인의 경계선이 직선이고 이마와 턱선이 넓으며 볼의 선도 직선에 가깝다. 이런 얼굴에서 부드럽고 여성스러운 이미지를 살리기 위해 이마와 턱선을 곡선으로 처리하는데 넓은 턱에는 진한 색의 파운데이션이나 파우더를 네모진 부분에 발라 턱선을 부드럽게 해준다. 이때 색을 잘섞어 경계선이 나타나지 않도록 주의한다.

③ 역삼각형의 얼굴 *Inverted Triangular Face*

이 얼굴형의 특징은 이마가 넓고 눈사이가 멀며 턱선이 좁고 광대뼈가 높다. 따라서 이마의 양쪽과 뾰족한 턱끝 부분에 쉐딩을 하고 턱의 바깥 부분을 풍만해 보이도록 하기 위해 턱 양쪽에 하이라이트용 제품을 바르고 경계부분을 주변색과 잘 섞어준다.

④ 오각형의 얼굴 *Pentagon Face*

헤어라인의 경계선이 불규칙하고 광대뼈가 좁으며 턱선이 넓고 눈사이가 가까운 경우가 종종 있으며 젊은층보다는 40대 이후의 여성에게 많은 풍만해 보이는 얼굴형이다.

이런 경우에는 턱뼈에서 목에 이르는 오목한 부분에 진한색으로 그늘을 만들어 주고 이마와 눈 주위를 밝게 처리하여 시선이 위쪽으로 가도록 한다.

⑤ 다이아몬드형의 얼굴 *Diamond Face*

이 얼굴의 특징은 이마가 좁고 광대뼈가 높아 두드러져 보이며 턱은 좁은 경우이다.
이마 중심부분에 하이라이트를 주어 그 부분이 튀어나와 보이게 하고 높은 광대뼈에는 섀도를 넣어 축소되어 보이도록 하며, 관자놀이와 뺨밑에는 밝게 처리하여 양쪽 볼이 풍만해 보이도록 한다. 또 뾰족한 턱은 어둡게 처리하여 전체적으로 부드러운 이미지를 연출하도록 한다.

⑥ 긴 얼굴형 *Oblong Face*

얼굴 길이가 긴 형으로 어른스러운 느낌을 주며 침착하고 고상한 이미지의 얼굴이다. 그러나 자칫 나이가 들어보일 수 있으므로 젊게 보이도록 활기를 불어 넣어주는 방법에 중점을 두도록 한다. 이마와 코끝 그리고 턱쪽을 가로 방향으로 어둡게 처리하여 긴 느낌을 감소시켜주고 블러셔도 가로로 길게 넣는다. 눈썹은 일자형에 가깝게 그려서 긴 얼굴이 분할되어 보이도록 한다.

(2) 부분 수정 메이크업

① 이마

a) 넓은 이마

바깥쪽 모서리에 어두운 색의 제품을 발라주며 모발선 쪽으로 색이 점점 섞이도록 해준다.

b) 작거나 짧은 이마

이마 중심부분에 하이라이트를 주어 그 부분을 튀어나와 보이도록 해준다.

c) 튀어나온 이마

어두운 갈색으로 머리선 부위의 선을 따라 칠해주어 피부색과 머리색 하이의 구분을 약하게 해준다. 이것은 튀어나온 이마의 반짝거림을 약화시키고 얼굴에 어울리는 둥그런형을 만들어 준다. 관자놀이 부위로 갈수록 가늘게 색칠해야 한다. 이마 부분에 하이라이트를 넣지 말고 약간 어두운 파우더로 가볍게 발라 이마가 뒤로 들어가 보이도록 한다.

② 광대뼈

a) 낮은 광대뼈

광대뼈 아래 부분을 어두운 갈색으로 좁게 발라주어 움푹 들어가 보이도록 한다.

b) 튀어나온 광대뼈

다이아몬드형 처럼 튀어나온 광대뼈는 부분적으로 쉐딩을 넣어주면 더 돌출되어 보일 수 있으므로 볼뼈를 감싸듯이 전체적으로 부드럽게 넣어준다.

③ 턱

a) 네모난 턱

넓은 턱에는 수정용 콤팩트나 진한 색깔의 파운데이션을 네모진 부분에 발라 턱선을 부드럽게 해준다. 색을 잘 섞어 경계선이 나타나지 않도록 주의한다.

b) 좁은 턱

턱의 바깥 부분을 풍만해 보이도록 하기 위해 턱 양쪽에 하이라이트용 제품을 바르고 경계 부분을 주변 색과 잘 섞어준다.

c) 양쪽의 모양이 다른 턱

균형에 벗어난 부분에 윤곽을 주거나 하이라이트를 준다. 만일 한 쪽의 턱이 좀 더 돌출 되어 있다면 그 부분에 어두운 색을 발라주고 색을 잘 섞어 턱선을 부드럽게 해 준다. 그리고는 반대쪽에 하이라이트를 주어 균형을 이루도록 한다.

d) 뾰족한 아래턱

아래턱 끝을 어둡게 한다. 그리고 턱의 바깥쪽 모서리에 하이라이트를 주어 균형을 이루어 보이도록 한다.

e) 뒤로 들어간 아래턱

뒤로 들어간 부분의 끝에 하이라이트용 제품을 발라주고 잘 펴바른다.

f) 크고 네모난 아래턱

바깥 모서리에서 아래턱의 가장자리를 어두운 색으로 부드럽게 발라주고 잘 펴바른다.

g) 이중턱

턱뼈에서 목에 이르는 오목한 부분에 진한 색으로 그늘을 만들어 주는데 이것은 매우 정밀한 작업으로서 주의 깊게 발라 주어야 한다. 바깥쪽에는 밝은색으로 발라주고 중앙으로 갈수록 어두운 색상을 사용한다.

h) 긴 아래턱

가장 두드러진 부분에 진한 색으로 그늘을 만들어 주고 색을 잘 섞는다.

④ 코

a) 낮은 코

코 양옆을 어둡게 해 주고 경계가 지지 않도록 잘 섞어준다. 그리고 콧등의 중심부에 밝은색으로 하이라이트를 준다.

b) 둥근 코끝

코끝의 둥근 부분 가장자리를 어둡게 처리하여 모양을 날씬하게 보이도록 해준다.

c) 긴 코

코끝을 어둡게 하여 짧아 보이도록 해준다.

d) 돌기된 부분

돌기의 가장 두드러진 부분을 어둡게 해주고 색을 잘 섞어 그 부분이 들어가 보이도록 한다.

e) 삐뚤어진 코

대칭이 맞지 않으며 한쪽으로 삐뚤어진 경우 튀어나온 쪽은 조금 어둡게 처리하고 들어간 쪽은 밝게 하여 코선을 바로 세워 준다.

3. 베이직 메이크업

1) 메이크업 시술 자세

메이크업은 모델의 얼굴에 표현을 하는 것으로써 아티스트의 기분에 따라 자세를 바꾸면 안된다. 메이크업을 할 때 아티스트의 자세는 매우 중요하다. 편안한 메이크업을 할 수 있는 자세로써는 다음 3가지 방법이 있다.

(1) 모델의 뒤에 선다.

기초나 파운데이션을 바를 때는 모델의 뒤에 서서 자기에게 기대는 형태로 머리를 배에 기대게 해준다. 거울을 보면서 메이크업을 하고 아티스트가 머리를 지탱해 줌으로써 안정감을 줄 수가 있다. 또 끝맺음을 할때는 거울을 통해서 한다.

(2) 모델의 옆에 선다.

가장 많이 사용하는 방법으로 항상 모델의 45°에서 시작하여 좌우로 이동하지 말고 시작한 자세에서 끝내는 것이 중요하다. 끝맺음 시에는 모델의 정면이나 뒤에서 거울로 확인해야 한다. 그리고 손은 머리 위를 누르지 말고 머리 뒤쪽을 가볍게 잡아주는 형태로 한다.

(3) 마주 보고한다.

이 방법은 의자를 이용하는 방법이고 모델보다 조금 높은 위치에서 메이크업을 하는 것이 좋다. 단, 모델의 얼굴에 너무 가까이 가지 않도록 주의 하여야 한다.

2) 메이크업 순서

베이직 메이크업의 또 하나의 프로세스는 피부의 정돈으로, 순서는 크린징하여 피부를 청결히 하고 깨끗이 세안한 피부에 스킨을 퍼프에 묻혀 닦아내듯이 바른 후, 로션, 에센스, 수분크림과 영양크림 등을 피부 타입에 맞게 선택하여 바른다. 이때 상대방과 커뮤니케이션을 맞추는 것이 중요한데 상대방은 타인이 얼굴을 만지는 것에 대해 불안감을 갖고 있으므로 피부와 피부가 맞닿아 생기는 불안을 커뮤니케이션으로 해결하는 것이다.

기초손질은 단순히 피부를 준비하는 것이 아니라 두 사람의 마음을 맞추어 나가기 위한 준비이며 기초손질의 손동작은 메이크업 동작의 기본이 된다.

(1) 메이크업 베이스

피부 색상과 타입에 맞는 메이크업 베이스를 이마, 콧등, 양볼, 턱에 점을 찍듯이 바르고 얼굴 중앙에서 외곽쪽을 향해 고르게 펴바른다. 너무 많은 양을 바르면 화장이 밀리고 뜨게 되며 건조한 피부에는 너무 적은 양을 바르면 파운데이션이 잘 펴 발라지지 않으므로 촉촉이 고루 펴진듯한 느낌으로 발라준다.

(2) 파운데이션

메이크업 베이스 다음에 파운데이션을 얇게 발라주고 커버력을 요구할 때는 커버할 부분을 한번 더 발라준다. 윤곽수정이 필요한 파티화장이나 사진이나 방송메이크업 등에는 2~3단계 밝은 파운데이션으로 하이라이트를 주고 2~3톤 어두운 파운데이션으로 얼굴 외곽 부분에 쉐딩을 주어 밝은 인상을 주면서도 얼굴이 작아보이도록 한다.

(3) 파우더

파운데이션이 깔끔하게 발라졌으면 퍼프에 파우더를 묻혀 얼굴 외곽부터 중앙부를 향해 발라주고 잔여분은 팬프러쉬로 털어준다.

(4) 아이브로우

베이스 메이크업이 깨끗이 끝났으면 부분화장으로 들어간다. 눈썹에 묻어있는 파운데이션이나 파우더를 눈썹용 브러시로 털어내며 눈썹결을 정돈하여 주고 아이브로우 펜슬로 얼굴형에 맞는 눈썹을 그리고 조금 뻣뻣한 눈썹용 붓으로 아이섀도를 덧발라 자연스럽게 마무리한다.

(5) 아이섀도

눈두덩이 전체에 아이보리 아이섀도를 가볍게 펴바르고 아이섀도 베이스 컬러를 속눈썹이 난 후레임 라인 *Frame line*부터 아이홀까지 부드럽게 펴바른 후 포인트 컬러를 눈모양에 맞춰 쌍꺼풀이 없는 사람은 중앙부분을 넓게, 일반 쌍꺼풀 눈은 눈꼬리쪽으로 포인트를 더 넣어준다.

(6) 아이라인

아이라인은 펜슬이나 수성 아이라이너 또는 케이크 타입 *cake type*의 라인을 사용하여 가늘고 깔끔하게 그려준다.

(7) 마스카라

아이래시 컬러로 본인의 속눈썹을 2~3단계 집어서 위쪽으로 컬을 준 후 마스카라를 위에서 아래로 몇 번 쓸어내리고 다시 아래에서 위로 지그재그로 올려준다.

(8) 블러셔

볼은 얼굴이 통통할 경우 조금 야위어 보이거나 작아보이게 갈색 볼터치로 외곽에 S자 형태로 터치해 준다. 화사하게 표현하고 싶을 때는 살구색이나 핑크색으로 조금 넣어준다.

(9) 립

입술을 내추럴하게 표현하고자 할 때는 립글로스 또는 립스틱을 손가락 또는 브러시에 묻혀 발라주고 더욱 정교하고 깔끔한 입술을 원한다면 양쪽 대칭이 되도록 립라인을 그려주고, 안쪽에 립스틱을 발라준다.

4. 베이스 메이크업

1) 파운데이션

베이스 메이크업에서 가장 중요한 것이 파운데이션이다. 피부를 아름답고 깨끗하게 하는 방법으로써 얼굴 전체에 파운데이션을 잘 펼쳐 바르고 피부의 색과 질감을 잘 표현하기 위해서는 피부의 상태 메이크업의 목적 그리고 계절을 고려해야 한다.

파운데이션 종류로는 리퀴드 파운데이션, 크림 파운데이션, 스틱 파운데이션 등이 있는데 각 제품의 특성을 잘 알고 피부와 메이크업의 목적에 맞게 사용하는 것이 중요하며 사용장소와 목적에 따라서는 여러가지 파운데이션을 섞어 사용하는 경우도 있다.

(1) 파운데이션 사용방법

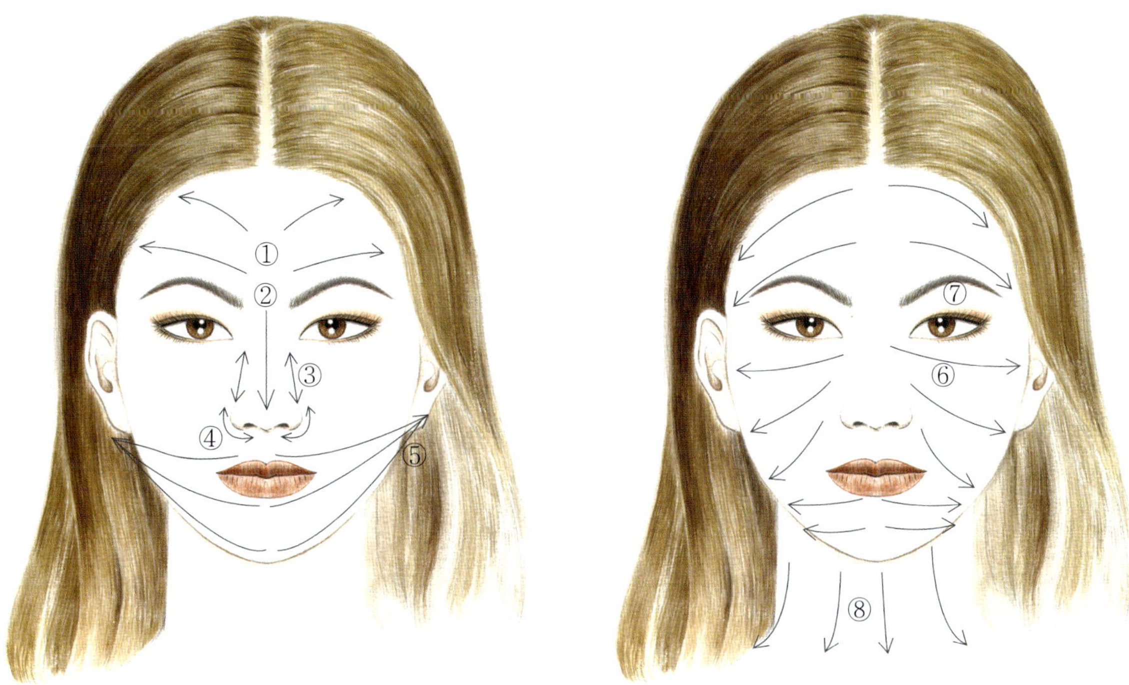

① 얼굴의 중앙부터 좌우로 펼친다.
② 콧날을 칠해준다.
③ 코의 양 측면을 펼친다.
④ 콧방울 주위를 원을 그리듯 펼친다.
⑤ 입술을 가운데로 하여 양쪽으로 펼친다. 입주위와 입술도 칠한다.
⑥ 볼은 중앙에서 바깥쪽을 향하여 칠한다.
⑦ 눈 주위로 부드럽게 펼친다.
⑧ 파운데이션이 남아있는 손으로 목부분을 턱에서 밑으로 두드린다.
⑨ 다 펼쳐지면 손으로 가볍게 펼쳐바른다.
⑩ 파운데이션이 뭉쳐있나 확인하고 손의 지문이 남아있기 쉽기 때문에 스펀지로 전체를 가볍게 두드려준다.

(2) 얼굴 부위별 파운데이션 바르는 방법

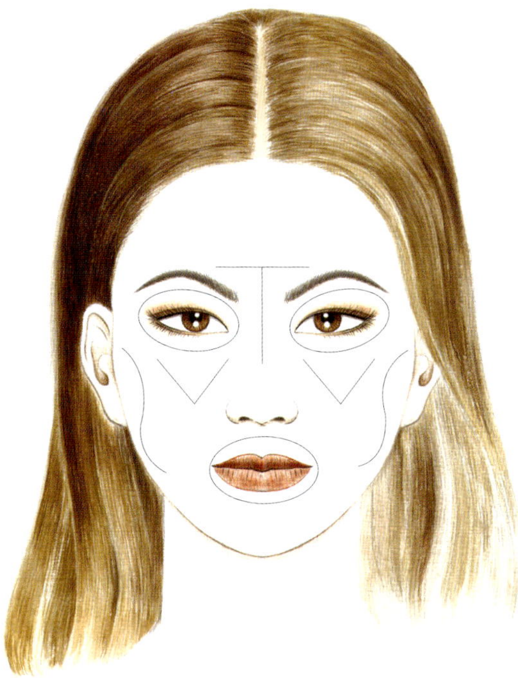

① T · O존

T존과 O존은 피하지방이 적어 너무 많은 양의 파운데이션을 사용하면 얼굴전체가 부자연스럽고 무거워 보인다. 특히 눈 아래부분이나 입술 주변은 잘 움직이는 부분이기 때문에 메이크업이 붕괴되기 쉬우며 T존은 피지의 분비가 활발하므로 아주 소량만을 사용해 얇게, *slide & pat* 기법으로 바른다.

② S존

피하지방이 많고 피부에 볼륨감 있으며 거친 부분도 많은 부위로 움직이는 부분이 적어 쉽게 분리되지 않는다. 모델에 따라 적당량을 사용하고 *slide & pat* 또는 *pat & slide* 기법으로 바르며 실제 피부와 같은 느낌과 지속성이 효과를 얻을 수 있다.

③ V존

눈 밑부분으로 기미나 주근깨 등 잡티가 가장 많이 분포되어 있으며 베이스컬러와 하이라이트 컬러가 같이 사용되는 부위이다. 따라서 적은 파운데이션 양을 *pat & pat* 기법으로 여러번 겹쳐 발라 결점을 가려준다.

④ 페이스라인, 헤어라인

세심한 그라데이션이 필요한 부위로 턱선과 두피부분, 귀 앞머리 부분까지 손이나 스펀지에 남아있는 파운데이션을 사용해 *slide & slide* 기법으로 발라준다.

2) 파우더

파우더는 베이스 메이크업을 오래 지속시켜주는 효과도 있으며 외부의 자극으로부터 피부를 보호하는 역할을 한다. 색깔에는 여러 종류가 있으며 색을 섞어서 사용할 수 도 있다. 얼굴과 목의 색이 차이가 있을 경우 밝기가 다른 두가지의 색을 발라주기도 한다.

가령 목보다 얼굴의 색이 하얀 경우 목에 바르는 파우더는 얼굴에 바르는 것 보다 밝은 색을 바른다. 파우더를 바르는 방법은 기본적인 방법 외에 로링 테크닉과 스킵 테크닉이 있다. 로링 테크닉은 파우더를 피부에 강하게 밀착하고 싶을 경우에 사용하며 눈 주위, 코 등 메이크업이 망가지기 쉬운 부분에 사용한다. 스킵 테크닉은 파우더를 많이 묻혀 깨끗이 끝맺음을 할 때 사용한다.

(1) 기본적인 테크닉

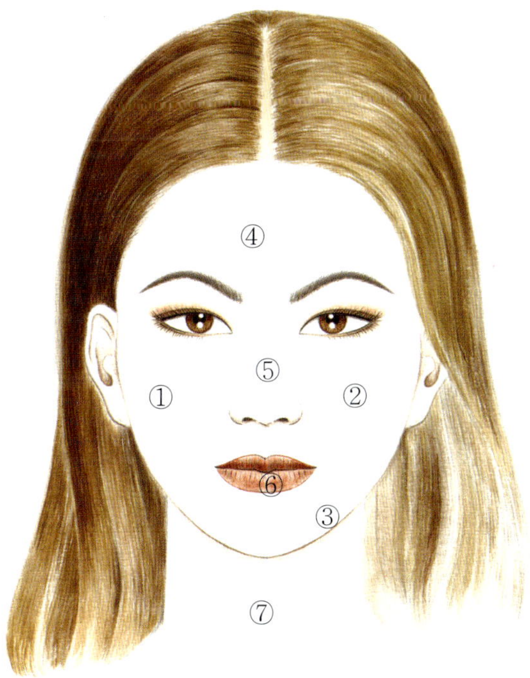

① 파우더를 분첩에 잘 비빈다.
② 오른쪽 뺨부터 시작하며 왼쪽뺨을 가볍게 잡고 파우더를 경쾌하게 발라준다.
③ 턱은 분첩면의 가장자리면을 이용하여 바른다.
④ 이마부분에 분첩을 넓게 펴서 부드럽게 발라준다.
⑤ 코의 양쪽 부분과 같이 좁은 면적에 바를 경우는 분첩을 반으로 접어 각진 면을 사용한다. 입언저리나 턱 끝에도 같은 방법을 사용한다.
⑥ 얼굴 전체에 바른 다음 분첩을 조금씩 움직여 펼쳐준다.
⑦ 목과 귀에도 잊지 말고 바른다. 얼굴의 색과 차이가 날 경우 한 단계 밝거나 어두운 색을 사용하여도 무방하다.

(2) 로링 테크닉

분첩을 반으로 접어 그 면을 이용한다. 눈 부분을 할 때에는 힘이 들어가지 않도록 주의하고 부드럽게 발라주며 눈의 생김새에 맞추어 분첩을 좌우로 굴리듯 발라준다. 이렇게 굴리듯 하는 것을 로링 테크닉이라 한다.

코 주위나 콧방울에도 반으로 접은 분첩의 각을 이용하여 조금씩 손을 굴려가며 사용하며 입주위 부분은 메이크업이 망가지기 쉬우므로 손을 작게 굴려가며 확실하게 눌러준다.

(3) 스킵 테크닉

분첩에 많은 양의 파우더를 묻힌다음 분첩 끝을 잡고 피부에 가볍게 바르는데 이것을 스킵 테크닉이라 한다.

눈 주위와 콧방울 부분에는 여분의 파우더가 뭉치기 쉬우므로 나중에 깨끗이 정리하여야 한다.

(4) 파우더를 털어내는 방법

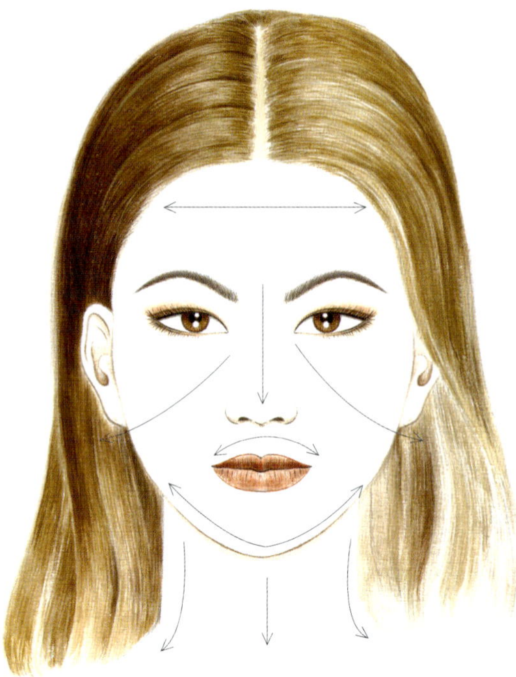

① 페이스 브러시를 사용하여 기본적인 방법의 순서와 같이 중앙에서 바깥을 향하여 털어준다.

② 파우더가 뭉치기 쉬운 부분은 브러시의 각을 이용한다.

③ 콧방울 부분도 잊지 말고 하여야 한다.

5. 포인트 메이크업

1) 아이브로우

눈썹은 눈이라는 아름다운 그림의 액자와도 같다. 적절하게 다듬고 잘그려진 눈썹은 얼굴을 더 아름다워 보이게 하고 표정을 더해 주며 메이크업을 균형있게 마무리 해준다.

(1) 눈썹의 기본형태 및 눈썹 그리는 방법

① 눈썹을 그리기 전에 눈썹이 난 방향을 따라 브러시로 정리해준다.

② 눈썹머리는 콧볼에서 수직으로 올린선에서 시작한다. 콧볼이 좁고 가는 코는 미간이 좁아지고 콧볼이 넓은 코는 미간을 조금 넓어지게 하는 것이 균형을 이룰 수 있다.

③ 눈썹산의 위치는 전체 눈썹길이의 2/3 지점에 위치한다.

④ 눈썹 꼬리는 콧방울과 눈꼬리를 45° 각도로 연장한 선에서 끝나게 하고 눈썹 머리보다 처지지 않도록 한다.

⑤ 눈썹모양을 만들때에는 고른 모양을 위해 기준선을 이용하는 것이 중요하다. 눈썹에 적당한 색상을 선택할 때는 모발색이나 눈동자 색상보다 한 단계 밝은 색을 고르는 것이 좋으며 매우 강조된 눈썹(예를 들어 높고, 구부러지고, 극적인 눈썹 등)을 요하는 상황에서는 진한 회색이나 흑갈색을 사용한다.

⑥ 눈썹 앞머리는 자연스럽게 음영을 넣어주고 눈썹산 부분은 조금더 진하게 처리하며 끝부분으로 갈수록 깔끔하게 마무리한다.

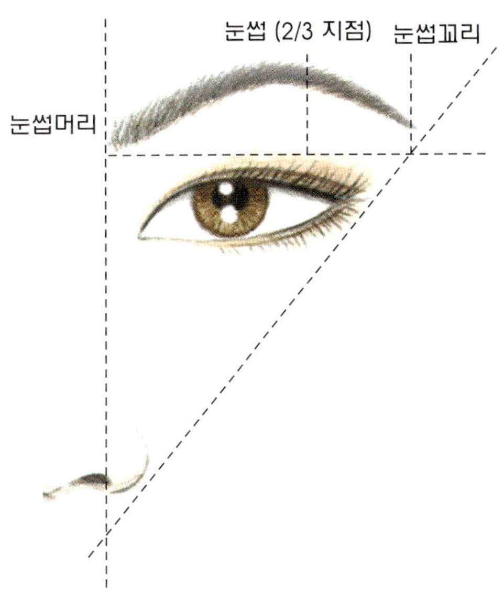

그림 2-26. 눈썹의 기본형태와 위치

(2) 눈썹의 형태에 따른 이미지

① 수평형

젊고 활동적인 느낌을 주며 긴 얼굴이나 폭이 좁은 얼굴에 잘 어울린다. 기본형 보다는 조금 짧게 그린다.

② 상승형

개성적, 동적, 지적인 느낌을 주며 둥근얼굴이나 오각형 얼굴에 어울린다. 수평형과 마찬가지로 기본형 보다는 조금 짧게 그린다.

③ 각진형

단정하고 세련된 느낌의 눈썹으로 샤프하고 개성적이며 어른스러워 보이므로 오피스 메이크업 *Office Make-up*에 적당하다. 전반적으로 둥근얼굴에 잘 어울린다.

④ 아치형

여성적이며 요염하고 혹은 노숙한 느낌을 주며 이마가 넓은 사람, 턱이 각진사람이나 역삼각형에 어울리는 이 눈썹은 1930년대에 가장 유행했던 눈썹이다. 그릴 때는 전체적으로 눈썹산을 1/2선에 두고 올려서 그린다.

⑤ 처진 눈썹

온화하고 부드러움 또는 귀여운 느낌이 들게 하지만 때로는 어리석고 슬픈인상을 주기도 한다.

그림 2-27. 눈썹의 형태에 다른 이미지

(3) 눈썹의 색상에 따른 이미지

① 검정

강하고 고전적인 분위기를 띄며 피부가 흰 사람에게 어울린다.

② 회색

침착하고 차분한 느낌을 주며 가장 대중적이고 자연스러워 누구에게나 무난하게 어울린다.

③ 갈색

지적이고 세련된 느낌을 주며 건강하고 약간 그을린 듯한 피부에 잘 어울린다.

그러나 가늘게 그릴 경우 다소 나이가 들어보일 수 있다.

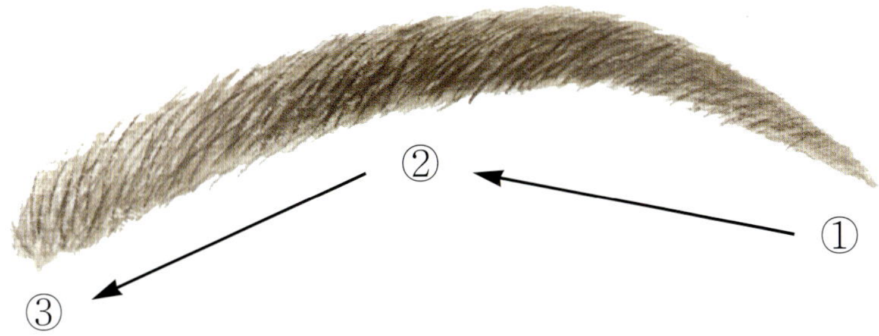

그림 2-28. 눈썹 수정의 순서

④ 눈썹의 수정

대부분의 눈썹은 눈썹머리나 눈썹산 밑 부위에 과다한 털이 있는 경우가 많다. 만일 두 눈썹 사이가 매우 가깝다면 더 멀리 보이게 하기 위하여 눈썹 앞머리를 약간 더 제거할 수도 있으며 두 눈썹 사이가 너무 벌어진 경우에는 아이브로우 펜슬이나 새도를 이용하여 자연스러운 털처럼 보이도록 하면서 눈썹머리를 조금 당겨 그릴 수 있다.

수정의 종류에는 시저스 컷 *Scissors Cut*, 블렌드 컷 *Blend Cut*, 트위저 *Tweezer*, 쉐이빙 *Shaving* 등이 있다.

시저스 컷은 수정가위를 이용하여 불필요한 눈썹을 잘라내는 방법이고, 블렌드 컷은 눈썹용 빗을 이용해 불필요한 눈썹을 잘라내는 방법이다. 트위저는 쪽집게를 이용하여 눈썹을 뽑아내는 방법을 말하는데 이 경우에는 눈썹이 난 방향으로 뽑고, 눈썹을 뽑은 후에는 아스트린젠트로 진정시켜준다. 마지막으로 쉐이빙은 눈썹전용 면도기를 이용하여 면도하는 방법으로 눈썹난 반대 방향으로 수정한다. 수정방법은 기본눈썹 설정 후에 눈썹 아래 부분의 꼬리부터 머리를 향해 정리하고 위쪽은 면도를 하면 부자연스러우므로 눈썹 몇 올만 제거하거나 족집게로 뽑아 정리한다.

눈썹수정시 원래의 눈썹을 무시하고 전체적으로 수정해버리면 인위적인 느낌이 나므로 자연스럽게 부분적으로 수정하는 것이 바람직하다.

⑤ 눈썹상태에 따른 수정 방법

a) 눈썹과 눈의 사이가 좁은 경우

이 경우는 상대적으로 이마가 넓어 보이는 형으로 눈썹 밑쪽을 수정하여 눈썹 아래쪽을 약 1㎜ 정도 제거한다. 또 수정 후 눈썹을 그려줄 때에는 윗눈썹의 결을 강조해 조금 위로 그리게 되면 눈썹과 눈의 폭이 다소 넓어 보일 수 있다.

b) 눈썹과 눈의 사이가 넓은 경우

반대로 눈썹과 눈의 사이가 넓어 이마가 좁게 보일 때에는 눈썹 위쪽을 1~2㎜ 정도 제거하고 눈썹을 그릴 때에는 아래 눈썹쪽을 강조해 주며 눈썹산의 위치를 다소 낮추어 그려 눈썹과 눈의 폭이 조금은 좁아 보이는 효과를 얻을 수 있다.

c) 눈썹과 눈썹 간격이 좁은 경우

강하거나 어두운 인상을 주기 때문에 눈썹머리 부분을 자연스럽게 뽑거나 면도하여 조금 넓어 보이도록 정리한다.

d) 눈썹과 눈썹 간격이 넓은 경우

눈썹사이가 넓은 경우 아이섀도나 아이브로우 펜슬로 자연스럽게 눈썹 앞머리를 만들어 주어 간격을 좁혀준다.

e) 무성한 눈썹

눈썹 브러시를 이용하여 눈썹을 눈썹결 모양을 따라 빗어주고 과다한 털을 제거한다. 또한 색상 선택시 1~2단계 밝은 색을 선택해 답답한 이미지를 완화시켜준다.

f) 얇은 눈썹

양쪽 눈썹에 동일하게 기준선을 그린 다음 원하는 색상으로 눈썹을 채우되 자연스러운 털의 느낌을 나타내도록 한다.

g) 높은 활모양 눈썹

활모양 위쪽의 털을 제거하여 눈썹 길이를 더 길어 보이게 한다. 그런 다음 활모양 아래 부분을 채워 그려 활 모양을 좀더 완화시키고 길어 보이게 한다.

h) 처진 눈썹

내려간 부위의 눈썹을 정리한 다음 아이브로우 펜슬로 형태를 그려준 뒤 투명마스카라로 충분히 올려 정리해 준다.

⑥ 얼굴형에 어울리는 눈썹모양

a) 둥근형

약간 상승느낌이 나도록 눈썹산의 위치를 올려 그린 다음 약간 각진 모양으로 그려주므로써 얼굴 전체가 길어 보이도록 유도한다.

b) 각진 얼굴형

각진 얼굴을 커버하기 위해 눈썹을 너무 가늘지 않게 그리며 부드러운 아치형으로 그려준다.

c) 역삼각형

부드러운 느낌을 강조할 수 있는 아치형의 눈썹을 그려주어 이마가 넓어 보이는 것을 감소 시켜준다. 눈썹산의 위치는 눈썹 길이의 1/2 정도 앞으로 그려준다.

d) 오각형

하부에 살이 많이 찐 타입으로 답답해 보일 수 있으므로 샤프하고 세련된 느낌을 주는 상승형이 어울린다.

e) 긴형

표준형이나 자연스런 굵기의 수평적인 직선형 눈썹이 긴 얼굴을 분할시켜 얼굴의 길이가 짧아 보이도록 한다.

f) 다이아몬드형

튀어나온 광대뼈가 다소 완화되어 보이게 눈썹의 앞머리를 강조해 시선을 분산시킨다.

6) 아이섀도 *Eye Shadow*

극적인 눈, 부드러운 눈, 빛나는 눈, 아련한 눈, 자연스러운 눈 등은 모두 선택된 색상과 위치 선택에 의해 아이섀도를 발라 연출해 낼 수 있다. 아이섀도는 적절하게 바를 경우 얼굴의 가장 중요한 부위 중 하나인 눈을 강조하게 하는 효과가 있는데 단지 눈꺼풀에 색상을 입히는 것 이상의 효과를 가져온다. 특히 눈에 색감과 음영을 주어 눈매를 수정보완하며 자유로운 색의 조화로 다양한 분위기를 연출하기도 한다.

① 눈의 각 부위명칭

① 눈썹뼈 ② 홀라인 ③ 눈꼬리
④ 언더라인 ⑤ 눈중앙 ⑥ 눈앞머리

② 아이섀도의 기본 테크닉

a) 하이라이트 컬러 *Highlight Color*

돌출되어 보이게 하거나 넓게 보이고자 하는 부위, 두드러지게 보이고자 하는 부위에 사용한다. 하이라이트 컬러는 팽창효과가 있으며 섀도 컬러와 조화를 이룸으로써 새로운 윤곽을 만들어낸다.

b) 베이스 컬러 *Base Color*

아이섀도의 주색상을 나타내는 부분으로 눈을 떴을 때 어느 정도 보이도록 바르는 것이 일반적이다.

c) 포인트 컬러 *Point Color*

포인트 컬러는 깊이감을 주어 눈매를 강조하는 역할을 하는데 이미지를 우아하게 혹은 샤프하게 보이게 하는 것은 포인트 컬러의 색상과 사용법에 따라 좌우된다.

d) 언더 컬러 *Under Color*

눈 밑 언더라인에도 위 눈꺼풀에 바른 베이스와 포인트 색상을 발라주어 다양한 이미지를 표현한다.

③ 아이섀도의 색상 선택

의상색과 어울리는 동계열이나 반대계열 등 조화로운 색, 계절, T.P.O, 선호색, 유행색 등에 맞추어 선택하고 눈의 형태를 고려해 메이크업 한다.

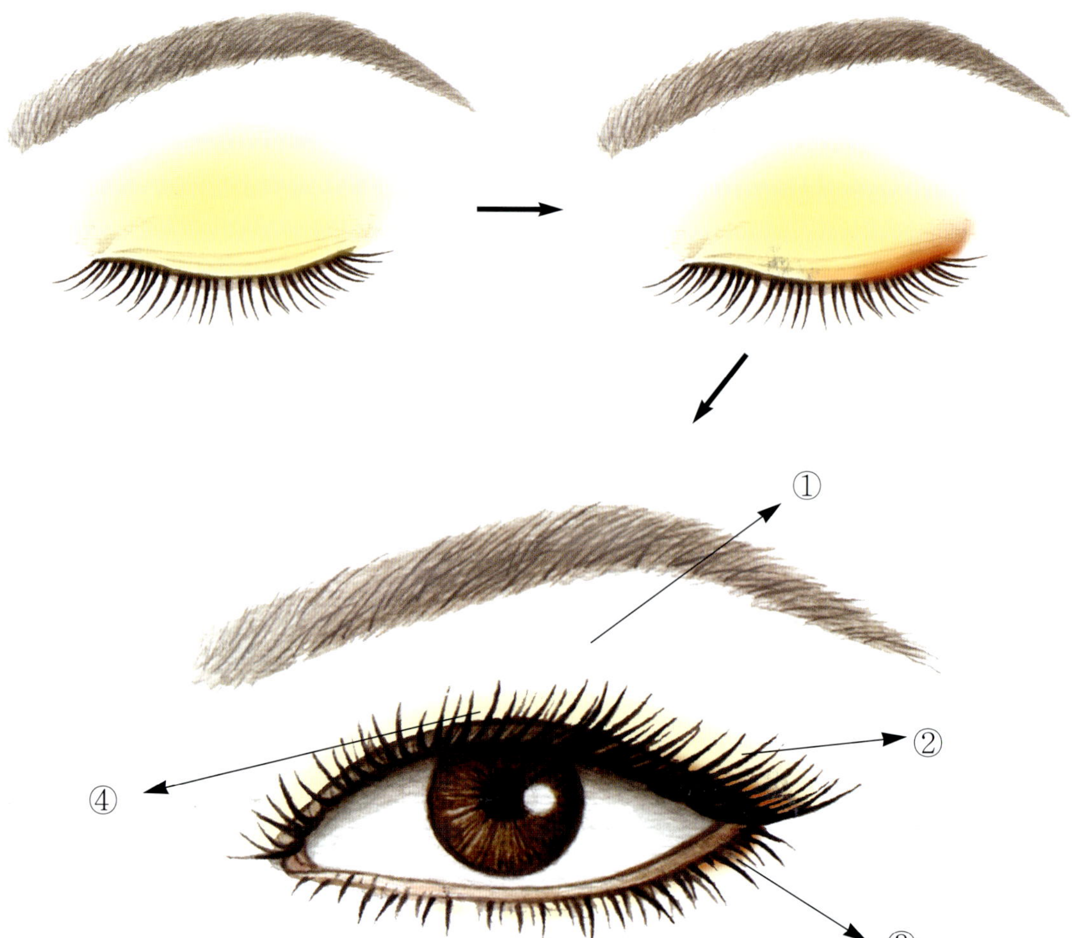

① 하이라이트 컬러 *Highlight Color*
② 포인트 컬러 *Point Color*
③ 언더 컬러 *Under Color*
④ 베이스 컬러 *Base Color*

그림 2-29. 아이섀도의 기본 테크닉

④ 눈형태에 따른 수정 메이크업

a) 작은 눈

눈꺼풀에 더 밝고, 연한색을 발라 눈이 확대되어 보이도록 한다. 섀도를 안구 바깥쪽 가장자리에 발라 눈꺼풀이 더 길어 보이도록 하며, 날카로워 보이지 않도록 부드럽게 그라데이션한다. 특히 속눈썹 끝부분에 충분한 양의 마스카라를 발라 눈이 더 커 보이도록 연출한다.

b) 큰 눈

진한색보다 연한색을 선택하여 부드럽고 자연스럽게 그라데이션하고 눈 주위에 포인트 색을 강하게 처리하지 않는 것이 좋다.

c) 가는 눈

짙은색의 섀도를 눈앞머리와 눈꼬리에 바르고 아이홀은 밝은 하이라이트를 주되 가급적 넓고 둥글게 처리한다.

d) 동그란 눈

눈앞머리와 꼬리쪽은 짙게 처리하여 눈매를 길어 보이도록 강조한다. 포인트 컬러를 눈꼬리 쪽으로 넓게 펴바르고 언더라인 역시 눈꼬리 쪽으로 길게 연장시킨다.

e) 눈두덩이 나온 눈

펄감이 없는 매트한 브라운이나 그레이 색으로 엷게 펴바른 후 눈썹뼈 부위에 강한 하이라이트 색상을 바르고 포인트 컬러는 눈형태에 따라 선을 긋듯이 발라 눈매를 강조한다.

f) 눈두덩이 들어간 눈

눈을 밖으로 나와 보이게 하려면 펄이 들어있는 밝은 색을 아이홀 부분에 발라 강한 하이라이트 효과를 주고 포인트 색상은 밝은 계열의 색상으로 눈꼬리를 약간 올려 그린다.

g) 처진 눈

눈이 올라가 보이게 하기 위해 눈꼬리 부분에 위쪽과 바깥쪽으로 펴바른 뒤 눈머리 쪽과 눈썹 위로 더 밝은 색상을 바른다. 특히 눈꼬리 밑에 하이라이트를 넣어주면 효과적이다.

h) 올라간 눈

눈앞머리와 눈꼬리 밑부분에 섀도로 포인트를 주는데, 특히 눈꼬리 밑부분에 섀도를 넓게 펴바르면 올라간 눈이 내려와 보이면서 부드럽고 안정감 있어 보인다.

i) 눈과 눈사이가 가까운 눈

눈머리쪽에 밝은 색을 바르면 눈사이가 넓어 보이는 효과가 있다. 그 다음 포인트 컬러를 사용해 눈꼬리 쪽으로 늘려 발라주고 바깥쪽이 강조될 수 있도록 색을 잘 펴바른다.

j) 눈과 눈사이가 먼 눈

눈앞머리와 노즈섀도 중간부위에 어두운 색상을 바르고 더 밝은 색상으로 눈꼬리 쪽을 향해 발라 눈과 눈사이의 간격이 좁아 보이도록 한다.

7) 아이라이너 Eyeliner

아이라이너는 눈을 뚜렷하게 부각시켜주는 메이크업에 있어 주요한 항목에 속한다. 아이라이너는 눈의 바깥쪽을 더 길게 연장시키거나 위로 올려주는 등의 방법을 통해 눈모양을 예쁘게 하거나 바꾸어 주는데 사용된다.

여러 가지 다양한 질감과 형태로 나와있는데 눈의 안쪽 가장자리나 바깥쪽 눈꺼풀 등에 색을 더하기 위해 사용되기도 한다.

① 기본형 아이라인과 비율에 따른 이미지

a) 기본형

위 아래를 7:3의 비율로 하는 것이 좋으며 최대한 속눈썹 뿌리 부분에서 약 15° 정도 올려준다.

눈아래 언더라인은 눈동자 바깥선에서 안으로 연하고 자연스럽게 그린다.

b) 아래라인을 강조한 경우

아래쪽에 비중을 두고 그리면 눈의 위치가 내려와 보이고 매혹적인 눈이 된다.

c) 위라인을 강조한 경우

위쪽에 비중을 두고 그리면 눈의 위치가 높아져서 어른스러움을 느낄 수가 있다.

그림 2-30. 기본형 아이라이너 그리는 법

② 눈 모양에 따른 아이라인 수정법

a) 작은 눈

작은 눈이 커보이도록 위라인을 조금 길게 연장하여 그리는데 그 중 눈의 끝부분을 굵게 그리고 눈꼬리의 위라인과 아래라인이 만나지 않도록 열어 그린다.

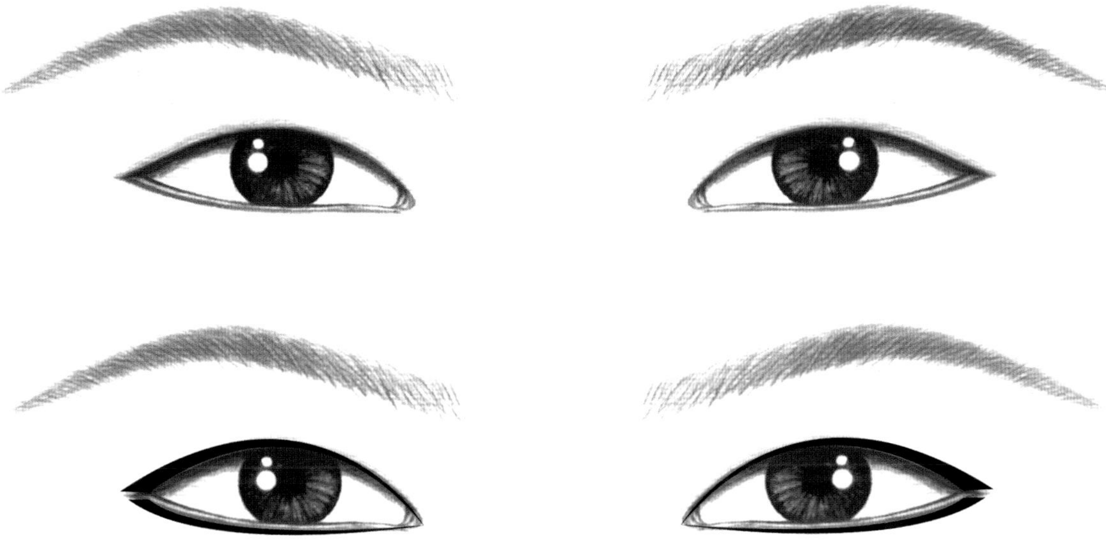

b) 큰 눈

큰 눈이 강조되지 않도록 속눈썹에 가깝게 가늘면서 연하게 그린다.

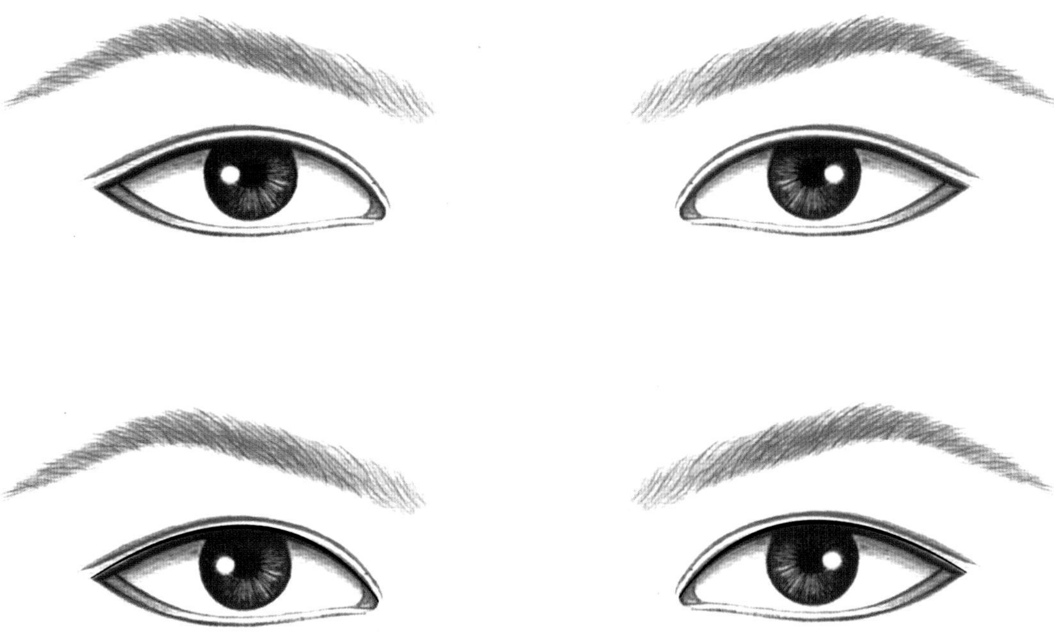

c) 가는 눈

눈이 둥글어 보이도록 눈의 중앙을 굵게 그린다.

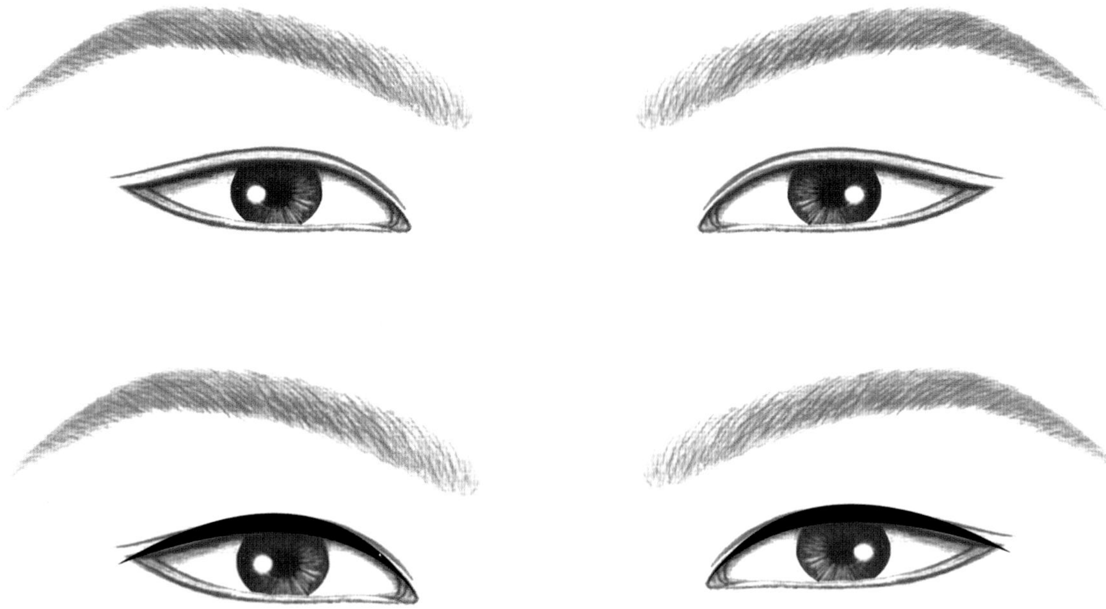

d) 동그란 눈

눈 앞머리와 꼬리부분을 굵게 그려준다.

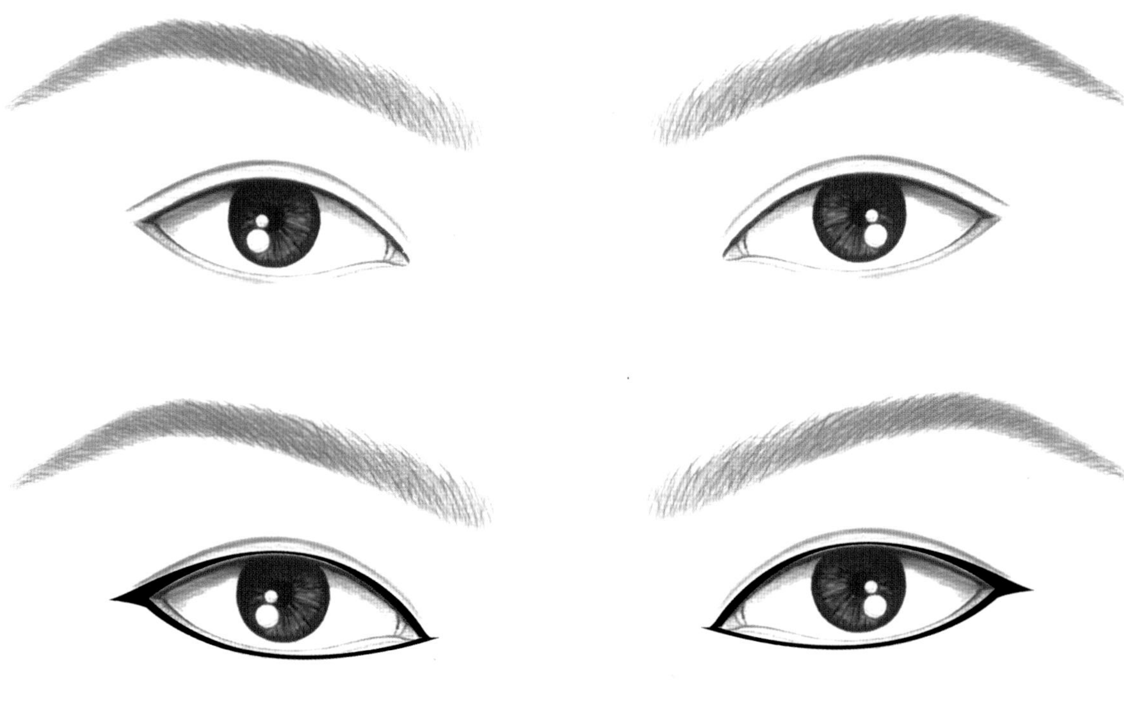

e) 눈두덩이 나온 눈

전체적으로 아이라인을 그리되 그 중 꼬리부분을 굵게 그린다.

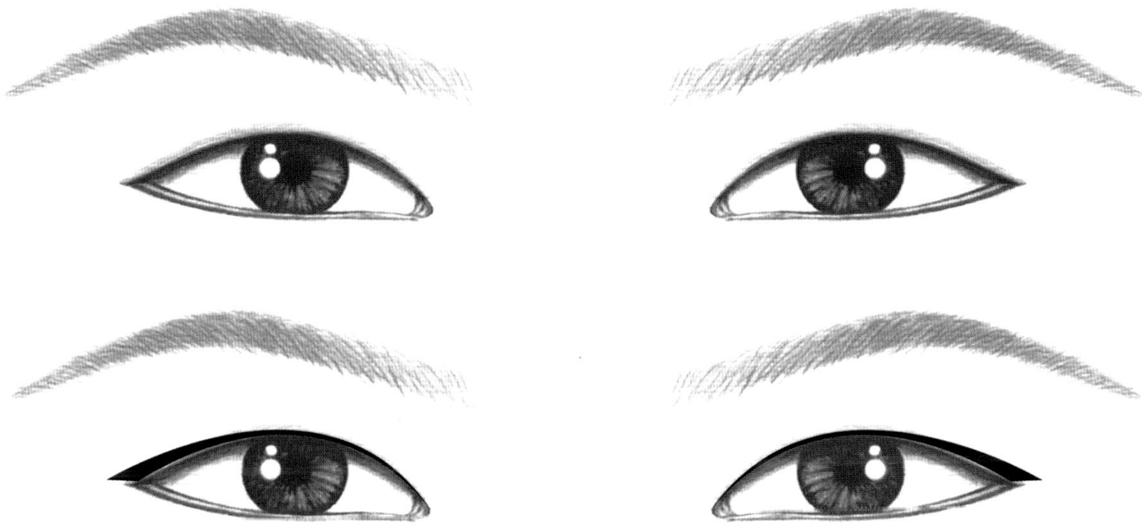

f) 처진 눈

눈앞머리에서 ¾ 정도는 눈꺼풀을 따라 그리고 뒷부분에서 수평으로 길고 두껍게 그려주어 올라가 보이도록 한다.

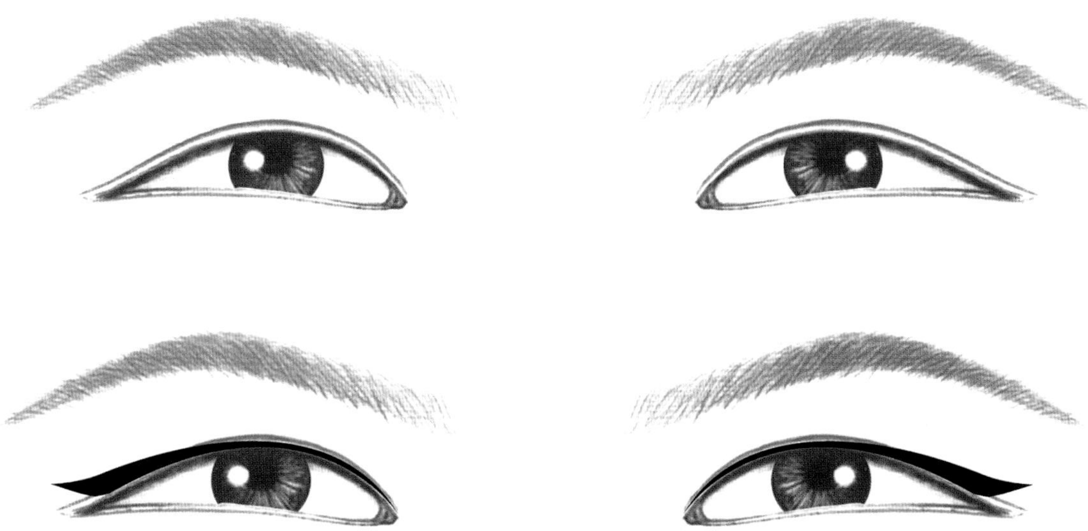

g) 올라간 눈

새도로 위라인의 앞머리를 두껍게 그리고 뒤로 가면서 가늘고 길게 쳐지도록 그려준다. 이때 아래라인은 새도로 직선의 느낌이 나도록 메워준다.

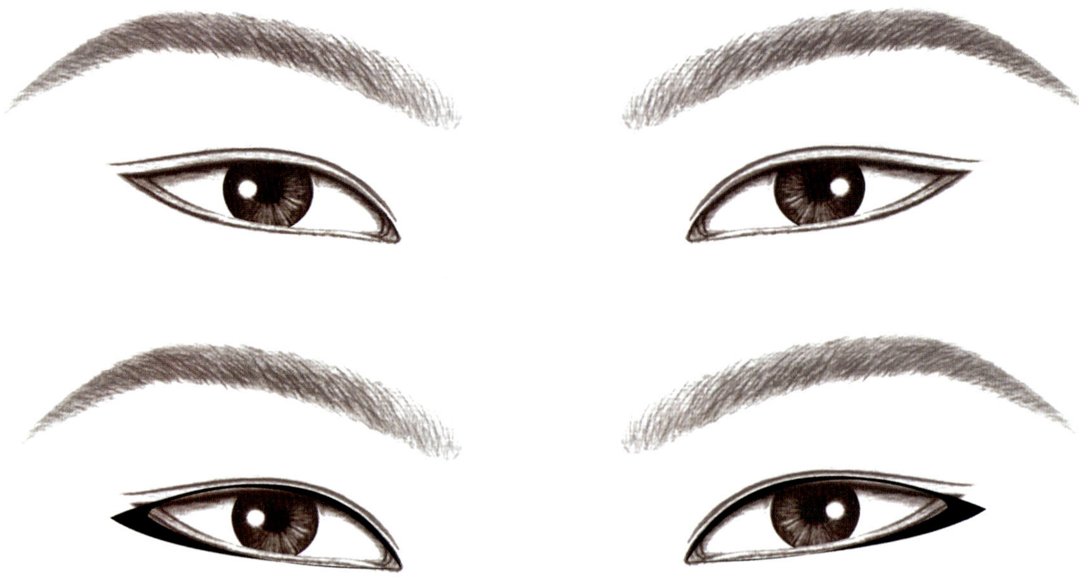

h) 눈과 눈사이가 가까운 눈

눈꼬리쪽을 길고 굵게 그려 시선을 바깥쪽으로 분산시킨다.

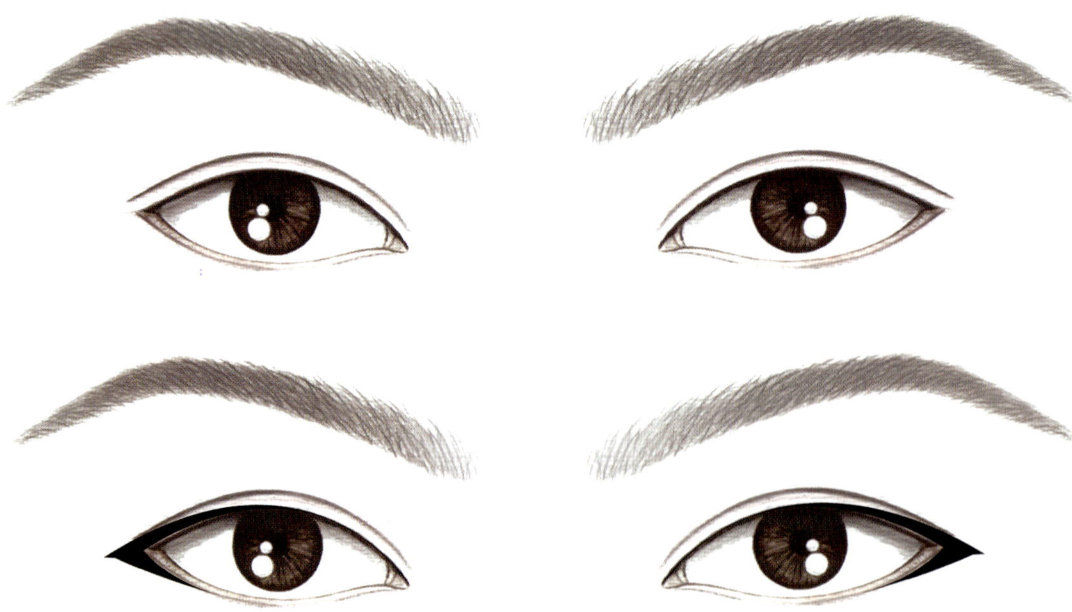

8) 마스카라 Mascara

마스카라는 속눈썹을 길고 짙어 보이게 하여 깊이 있는 눈매와 더불어 눈을 자연스러우면서 크게 보이도록 해주는 역할을 한다. 민감한 눈주위에 사용하기 때문에 자극이 없는 원료로 된 마스카라의 선택이 중요하다.

또한 속눈썹의 숱이 적고 직모가 많은 동양인에게는 아이래시 컬러 *Eyelash Curler*와 함께 사용하면 더욱 눈이 커보이는 효과를 가져올 수 있다.

① 아이래시 컬러의 사용방법

동양인과 같이 직모의 속눈썹을 갖고 있는 사람은 마스카라 사용전에 아이래시 컬러를 먼저 사용하는데 먼저 동양인 눈형태에 잘맞는 것과 고무패킹 재질이 유연한 것을 선택한다.

사용방법은 얼굴은 정면을 향하고 시선만 무릎 정도의 위치로 내려뜬 뒤 아이래시 컬러를 정면으로 밀어넣어 속눈썹이 고무 부분 위로 고루 위치하도록 한다. 이때 고무가 눈꺼풀의 피부에 닿지 않도록 조심한다. 그 다음 수직으로 컬러를 세워 힘주어 눌러주며 원하는 정도에 따라 2~3회 반복하여 속눈썹을 눌러주고 눈썹 끝을 향해 컬러를 이동하며 눌러준다.

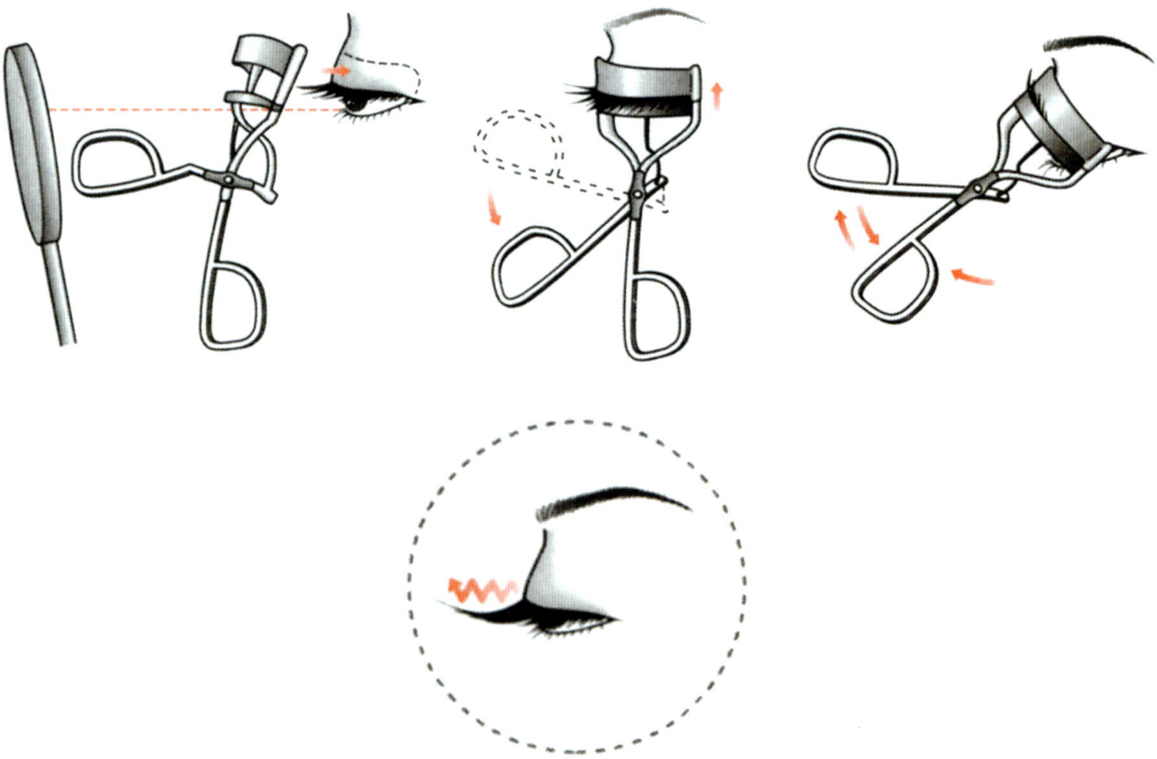

그림 2-31. 아이래시 컬러 사용법

② 마스카라 바르는 법

선택한 마스카라의 솔을 용기의 밑바닥까지 담근 다음 색을 묻힌다. 그 다음 솔 끝에 묻은 과다한 양의 마스카라를 제거하기 위해 화장지 위에 솔 끝으로 점들을 찍어낸다(이는 매우 중요한 단계로써, 이 과정을 거치지 않으면 속눈썹에 마스카라가 덩어리진 채로 고르지 않게 발라지게 될 수도 있다).

솔을 세로로 잡고, 먼저 속눈썹을 위쪽에서 발라준 후 아래부분은 위로 올려준다. 속눈썹 뿌리쪽에서 바깥쪽으로 지그재그 방향으로 발라주고 마스카라의 양과 속눈썹 간격을 잘 조절하며 빗어준다. 원하는 두께에 따라 한 번에서 네 번까지 덧발라 주는데, 매번 덧바를 때마다 먼저 바른 마스카라가 마르기를 기다린 다음 다시 발라야 뭉침을 없앨 수 있다.

매우 두꺼운 속눈썹을 원한다면, 마스카라를 한 번에서 세 번 정도 바르는데, 마지막에 바른 마스카라가 마르기 전에 속눈썹에 파우더를 살짝 입혀준다. 그리고 나서 마지막으로 마스카라를 한 번 더 바른다. 그 다음 속눈썹 빗을 이용하여 눈썹을 분리시켜준다.

아래 속눈썹에 마스카라를 바를 때는 솔을 속눈썹 뿌리쪽 가까이 대고 가볍게 살짝 발라준다. 속눈썹을 분리시켜주고 이 부위를 부드럽고 자연스럽게 보이도록 해준다.

언더라인의 속눈썹을 바를때는 브러시를 가로로 세워서 발라주면 잘 발라지며 양을 조절해 고르게 바른 다음 세로로 눕혀서 다시 발라준다.

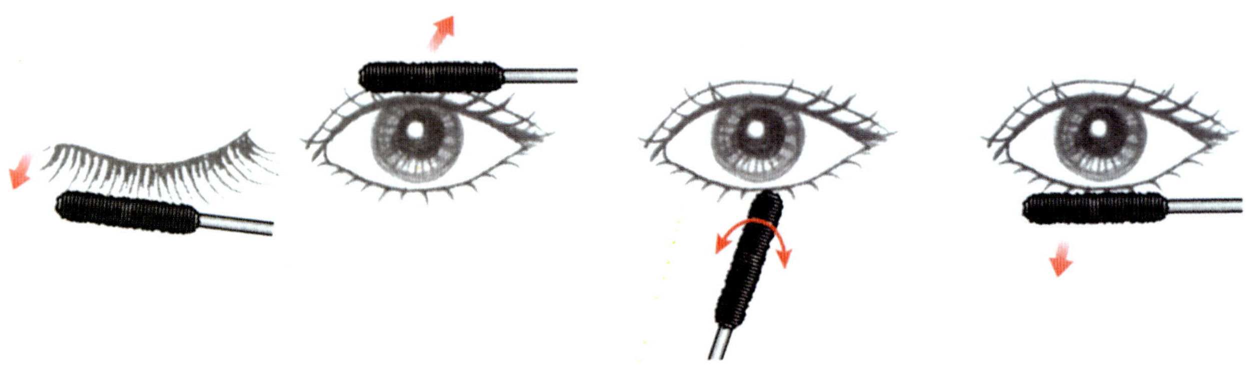

그림 2-32. 마스카라 바르는 법

9) 인조 속눈썹 *False Eye Lashes*

인조 속눈썹 역시 마스카라와 같이 속눈썹을 길고 짙어 보이게 하는 효과가 있으므로 먼거리나 조명이 어두운 곳에서도 또렷한 눈매를 표현해 준다.

또한 눈의 다양한 표현을 위해 여러 가지 형태나 눈위, 눈아래 등 부위에 따라 다르게 사용된다.

① 인조 속눈썹 붙이는 방법

a) 먼저 속눈썹을 케이스에서 꺼낼 때 양쪽 끝부분이 접착되어 있으므로 핀셋을 이용해 모양이 흐트러지지 않도록 조심스럽게 떼어낸다.

b) 속눈썹을 붙일 때는 눈길이와 맞추어보아 눈길이 보다 1~2㎜ 정도 짧게 양쪽을 잘라준다.

c) 모델의 눈의 곡선에 맞추어 인조 속눈썹 라인의 곡선을 정리해준다. 만약, 속눈썹의 숱과 길이가 너무 많거나 길면 부자연스러우므로 자연스럽게 커팅하여 정리해 놓는다.

d) 다음은 접착제를 바르는 순서인데 접착제는 인조 속눈썹 라인을 따라 바르며 속눈썹의 양끝은 중앙에 비해 눈에 움직임이 많아 쉽게 떨어지므로 접착제의 양을 더 많이 바르도록 한다.
이때 주의할 점은 접착제는 마르려고 할 때가 접착력이 가장 좋으므로 잠시 기다렸다가 거의 마르기 직전에 붙이도록 한다.

e) 모델의 시선을 아래로 향하게 한 뒤 눈앞머리에서 1~2㎜ 정도 띄워 붙이고 면봉으로 지그시 눌러 고정시킨다.

② 심는 속눈썹 붙이는 방법

a) 속눈썹 케이스에서 핀셋으로 심는 속눈썹 하나를 떼어낸 뒤 접착액에 심는 속눈썹 끝을 담궈 뿌리 부분에 접착제를 바른다.

b) 모델의 눈을 아래로 향하게 하고 눈꺼풀을 살짝 위로 당긴 뒤 속눈썹 길이를 3등분하여 눈앞머리 부분과 중앙, 꼬리 부분에 각각 한가닥씩 심어 중심을 잡아준다.

c) 중심을 잡아준 사이 사이에 자연스럽게 심어 풍성하게 표현해준다.

10) 립 메이크업 Lip Make-up

립메이크업은 얼굴 전체의 중요한 포인트 메이크업의 하나로 입술에 색상을 부여해 강조시켜주고 입술형태를 수정하여 보다 완벽한 이미지를 만들어내며, 외부자극으로부터 입술을 보호하는 역할을 한다.

① 입술 Lip의 명칭

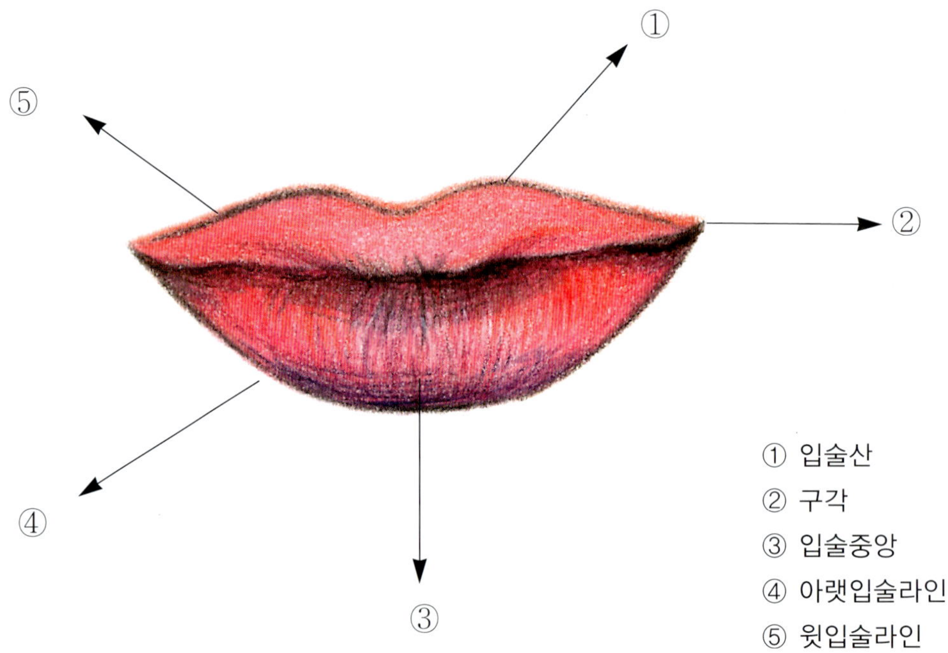

그림 2-33. 입술의 명칭

② 기본형 입술위치와 비율

입술의 길이는 정면에서 보았을 때 눈동자 안쪽에서 일직선으로 내려와 만나는 위치로 설정되었을 때 이상적이며 윗입술과 아랫입술의 비율은 1:1.5이다.

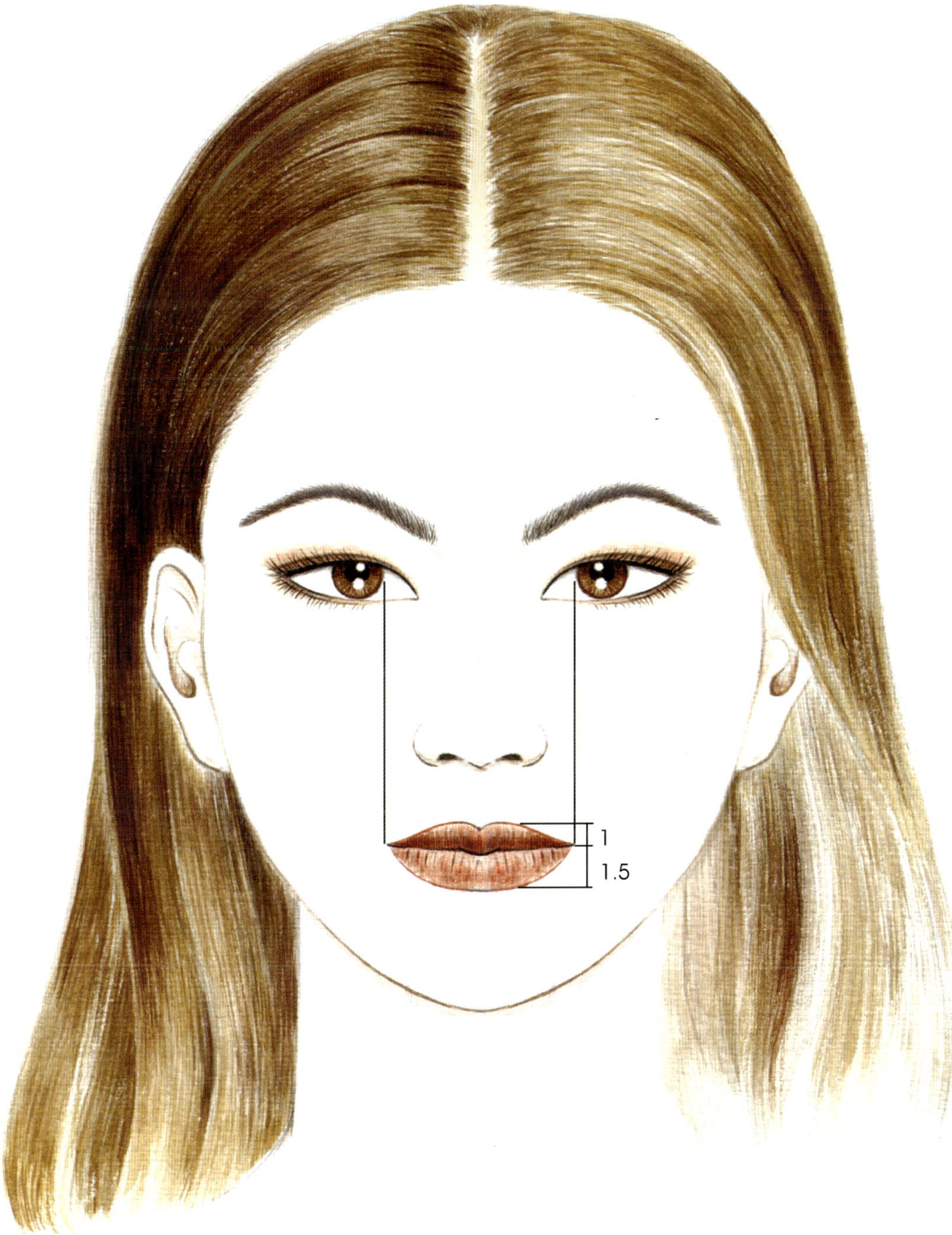

그림 2-34. 기본형 입술위치와 비율

③ 입술그리는 방법

a) 입술을 그릴 때 우선 파운데이션과 파우더를 이용해 본래의 입술색과 라인을 커버한다.

b) 그리고자 하는 입술형을 선택하여 입술라인을 립브러시나 립라이너로 윤곽을 그린다.

c) 윗입술 중앙부터 시작하여 좌우 대칭이 맞게 입술산을 그리고 나서 윗입술 양 끝부분을 향해 그린다.

d) 아랫입술도 중앙부터 그려서 중심을 잡은 후 아랫입술 양끝부분에서 중앙을 향해 그려준다.

e) 입술을 벌려서 윗입술과 아랫입술의 구각 부위를 연결해준다.

f) 립스틱의 지속력을 위해서 티슈로 유분기를 제거한후 파우더를 덧바른후 다시 한번 립스틱을 발라 준다.

④ 입술선 *Lip Line*에 따른 이미지

a) 인 커브 *In Curve*

귀엽고 여성스러운 이미지를 주는 라인으로 원래의 입술라인보다 1~2㎜ 정도 안쪽으로 그려준다. 또한 볼에 살이 많은 사람에게 이 라인을 적용하면 볼이 좀 덜 뚱뚱해 보이게 하는데 도움이 된다.

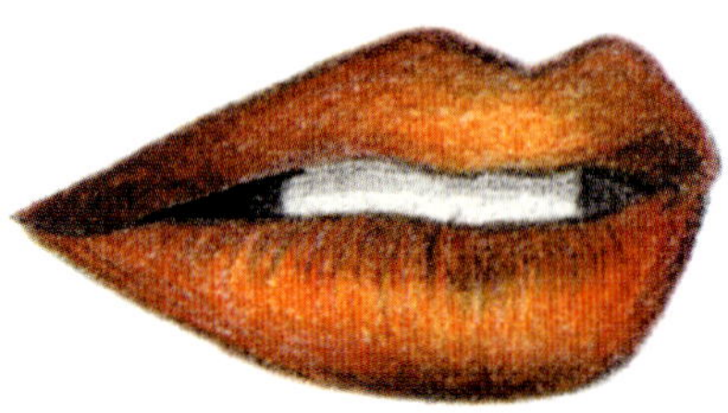

b) 스트레이트 *Straight*

립라인을 직선으로 표현하는 테크닉으로 샤프하고 지적인 이미지를 나타내며 단정한 유니폼을 착용할 때 어울리는 입술모양이다.

c) 아웃 커브 *Out Curve*

매혹적이고 관능적인 아름다움을 느끼게 하는 입술모양으로 성숙하고 섹시한 분위기를 연출한다. 원래 입술라인보다 1~2㎜ 정도 넓게 그려주며 립글로스를 덧바르게 되면 입술이 더 풍만해 보인다.

⑤ 입술상태에 따른 수정법

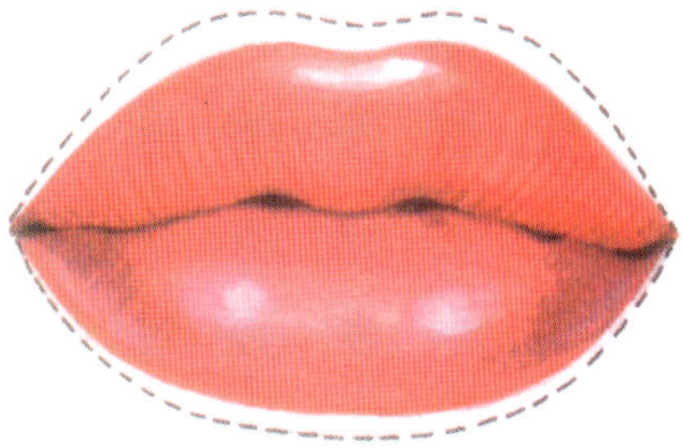

a) 크거나 풍만한 입술

파운데이션과 파우더를 이용해 원래 입술선을 교정한 후에 더 어두운 색의 립라이너를 선택해 원래 입술선 안쪽으로 1~2㎜ 작게 그리고 나서 짙은 색상으로 발라 축소되어 보이도록 한다. 이때 밝거나 반짝이는 립제품은 피하도록 한다.

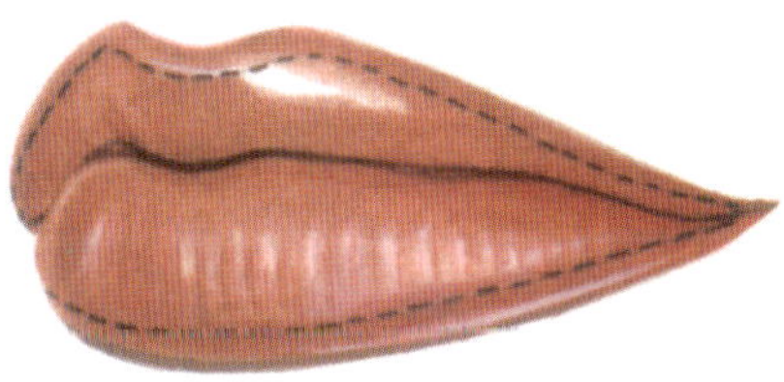

b) 얇은 입술

컨실러를 이용하여 원래의 입술선 위쪽에 가늘게 선을 그린 다음 파우더를 바른다. 그 다음 원래의 입술선 보다 1~2㎜ 크게 그리고 밝은 색의 립스틱이나 립글로스를 발라주고 어둡거나 흐린 색상은 피하도록 한다.

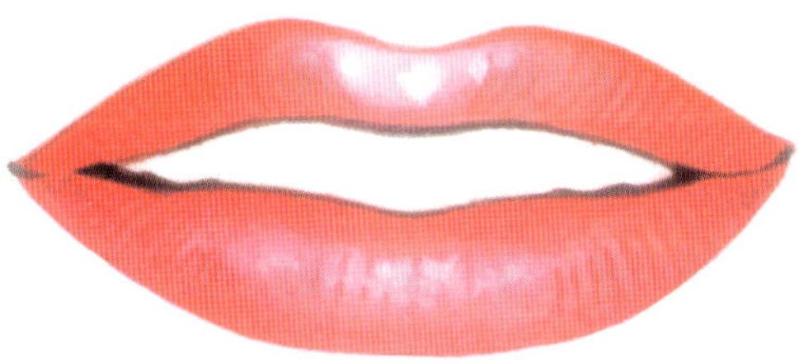

c) 평평하고 얇은 윗입술

구각쪽은 좀더 어두운 색으로 바르고 중간 지점에 중점을 두어 밝은 립스틱이나 립글로스를 발라주므로써 볼륨을 더해준다.

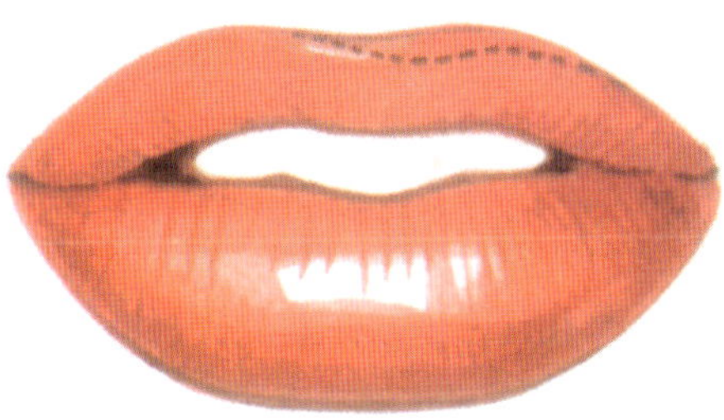

d) 모양이 고르지 않은 입술

컨실러를 이용하여 고른 입술모양을 만들고 끝이 뾰족한 브러시로 라인을 그려주고 파우더를 바른다. 그 다음 얼굴의 하관이나 이미지에 맞게 새로운 입술모양을 만들고 립스틱을 칠해준다.

e) 처진 입술

컨실러를 발라 입술 바깥쪽 구석을 올려주고 파우더를 바른뒤 입술의 양쪽 구각이 위로 향하도록 선을 그리고 색을 채워준다.

f) 주름이 많은 입술

이러한 입술은 세로로 난 주름 사이로 립스틱이 번질 염려가 있으므로 먼저 파우더로 입술의 유분기를 없앤 후 립라이너로 라인을 선명하게 그린다.
일반적으로 립스틱은 유분기가 적은 연한계열의 색을 바르지만 반짝이는 제품을 발라 주름이 밖으로 빛이 반사되도록 하여 주름진 입술을 감추어 주기도 한다. 단, 이때는 제품을 입술 안쪽에만 발라 주어 주름의 선을 따라 색상이 번져나가지 않도록 한다.

g) 돌출된 입술

짙은 립라인을 이용하여 강하게 그린 후 전체적으로 수축되고 후퇴되어 보이는 색상과 톤 그리고 질감의 립제품을 선택하여 들어가 보이도록 연출한다.

11) 블러셔 Blusher

블러셔는 본래 창백한 피부에 안색을 돋보이게 하기 위해 시술한다. 얼굴을 건강하고 혈색있어 보이게 하며 여성다움을 강조해주고 음영을 주어 얼굴형을 수정해주는 역할을 한다. 또한 눈과 입술을 자연스럽게 조화시켜준다.

① 기본적인 블러셔의 위치

모델이 정면을 보고 있을 때 검은 눈동자가 위치하는 곳에서 수직으로 내리고 코 끝부분을 수평으로 연결하여 만나는 바깥부분이 블러셔를 사용하는 적절한 위치이다.

② 블러셔 바르는 방법 및 주의사항

a) 볼에 유분기가 있으면 얼룩이 생기므로 분첩으로 눌러주어 유분기를 없애고 바르면 곱게 발라진다.
통통한 얼굴은 갸름하게 보이도록 하는데 중점을 두어 귀 윗부분에서 입꼬리를 향해 세로로 길게 바른다.

b) 브러시에 내용물을 묻혀 손등에서 미리 색상과 양을 조절하여 얇게 여러번 바른다.

c) 블러셔는 관자놀이나 귀윗 헤어라인에서 시작하여 사선으로 부드럽게 타원을 그리듯이 둥글리며 발라주며 전체를 같은 톤으로 칠하는 것이 아니라 중심이 되는 부위를 가장 진하게 하고 주위는 자연스럽게 퍼져 경계선이 생기지 않도록 주의한다.
만약, 색이 진하다고 생각될 때는 분첩으로 눌러주면 좀 더 엷게 표현된다.

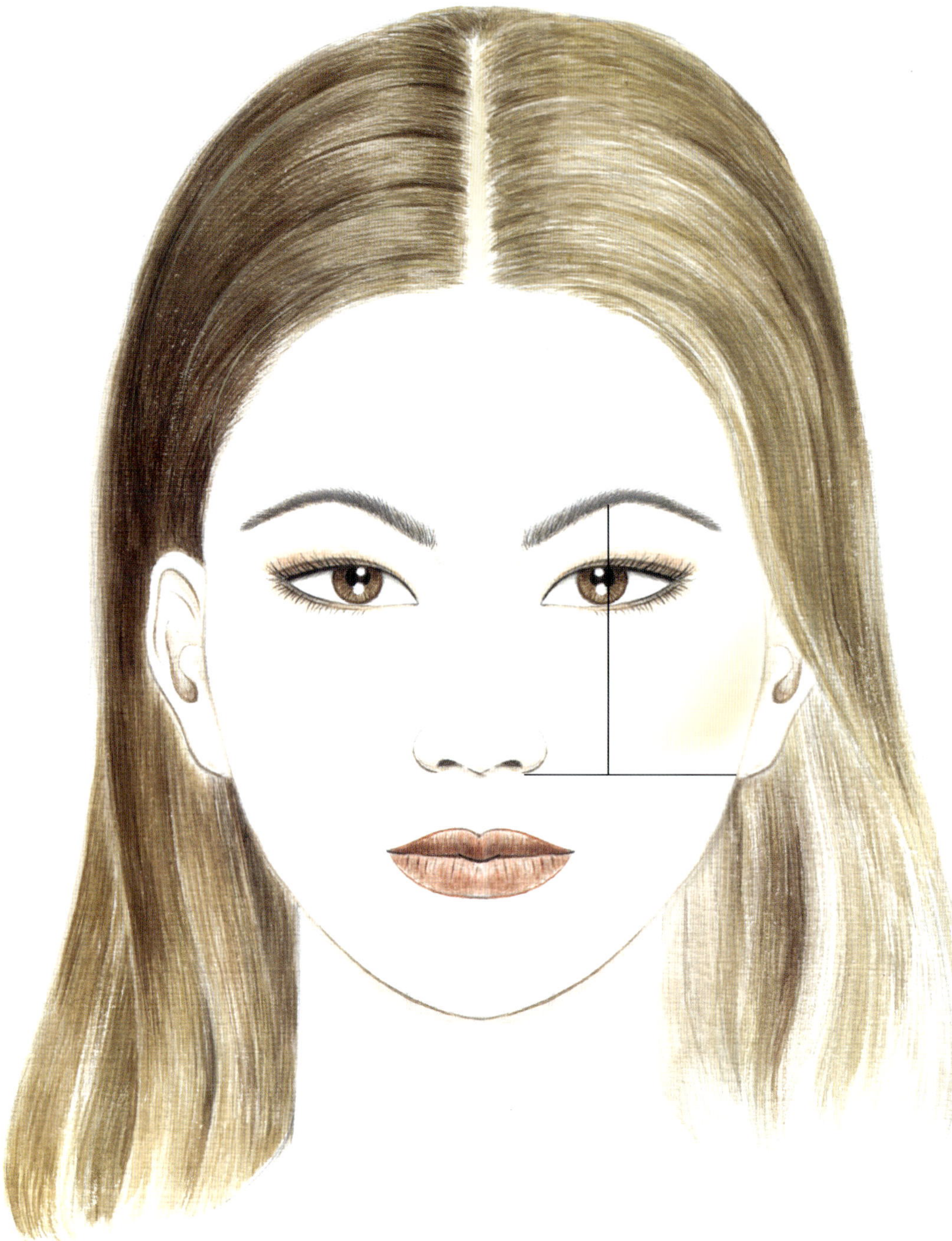

그림 2-35. 기본적인 블러셔의 위치

③ 블러셔 위치에 따른 이미지

그림 2-36. 여성적인 느낌

그림 2-37. 활동적인 느낌

그림 2-38. 귀엽고 사랑스런 느낌

그림 2-39. 지적인 느낌

a) 여성적인 느낌

볼뼈 *Cheek Bone*를 중심으로 하여 관자놀이 쪽으로 바르고 눈주위와 관자놀이에도 엷게 펴바른다.

b) 활동적인 느낌

볼뼈아래 부분에 다소 짙게 발라 선적인 느낌을 살린다.

c) 귀엽고 사랑스러운 느낌

웃을 때 생기는 눈밑의 볼록한 부위에 둥근 느낌이나게 표현한다.

d) 지적인 느낌

볼뼈 위쪽은 밝은 색으로 하이라이트를 주고 그 밑은 약간 어두운색으로 둥글고 길게 펴바른다.

④ 얼굴형에 어울리는 블러셔 위치

a) 둥근형

통통한 얼굴을 갸름하게 보이도록 하는데 중점을 두어 관자놀이에서 구각을 향해 세로로 길게 바른다.

b) 사각형

다소 폭넓게 발라 볼 넓이의 균형을 맞추고 관자놀이 아래에서 턱끝을 향해 발라준다.

c) 역삼각형

좁은 턱선이 강조되지 않도록 귀부분에서 코끝을 향해 둥근 느낌으로 발라준다.

d) 긴형

얼굴 길이가 강조되어 보이지 않도록 귀 부분에서 눈앞머리를 향해 가로의 느낌으로 폭넓게 바른다.

e) 다이아몬드형

볼뼈의 두드러짐이 강조되지 않도록 볼뼈를 중심으로 엷고 폭넓게 바르되 차분한 색을 사용하여 부드러운 느낌이 들도록 표현한다.

Ⅲ. 색채
The Color

1. 색채원리
2. 메이크업과 색채

1. 색채원리

1) 색의 3속성

(1) 무채색과 유채색

빛은 3원색을 혼합하면 빛의 색은 없어지고 우리가 태양광선 등에서 느끼는 무색의 백색광이 된다. 그래서 공기 속을 직진하는 빛에서 우리는 색을 느끼지 못하며 빛이 없어지면 아무것도 볼 수 없는 완전한 어둠이 된다. 이러한 밝음(백색광)과 어둠은 색을 갖고 있지 않다.

그러나 물체색의 경우, 물체에 닿은 빛이 거의 모두 반사하였을 때에는 백색으로 보여지며, 거의 모두 흡수되었을 때에는 흑색으로 보여지는데 흑색처럼 물체색에서는 백색, 회색, 흑색을 색의 한 무리라고 말하며 색채 속에 포함시킨다.

이러한 백색, 회색, 흑색을 무채색 無彩色 · *achromatic color*이라고 부르며 무채색 이외의 모든 색은 유채색 有彩色 · *chromatic color*이라고 부른다.

그림 3-1. 무채색의 14단계
무채색은 화이트 W, 라이트 그레이 ltGy, 미디엄 그레이 mGy, 다크 그레이 dkGy, 블랙 bK의 5개의 톤으로 나누어져 있다.

(2) 색의 3속성

우리가 색채를 혼색해 보면 여러 가지 변화를 발견할 수 있다. 적색에 흑색을 섞으면 벽돌색으로 변하고, 적색에 백색을 섞으면 핑크색으로 변한다. 이때 벽돌색은 적색보다 어두운 색이 되고 핑크색은 적색보다 밝은 색이 된다. 이 두 색은 적색의 명암 정도에 따라 형성된 색이며 적색의 한 계통이라고 생각할 수 있다. 이처럼 색채는 색채의 종류와 밝기 그리고 그것의 순수함이라는 세 가지 성질에 의하여 성립하는 것이며, 이를 각각 색상, 명도, 채도라 하여 색의 3속성 또는 3요소라고 부르고 있다.

그림 3-2. 색의 3속성(3요소)

그림 3-3. 색상환 Color Wheel
12색상환은 3원색(1차색), 2차색, 3차색으로 구성되어 있다. 빨강, 노랑, 파랑의 3원색은 원 안에서 등변삼각형을 이루고 있다. 원색 사이에 자리한 주황, 보라, 녹색의 2차색은 다른 등변삼각형을 이루고 있다. 그리고 다홍, 귤색, 연두, 청록, 남색, 자주의 여섯 가지 3차색은 원색과 2차색의 배합으로 이루어진다.

① 색상 色相 · *hue*

우리는 일반적으로 색의 이름으로 수많은 색을 구별한다. 예를 들면 빨강, 주황, 노랑, 초록, 파랑, 남색, 보라 등 무지개에서 보이는 빛의 순서에 따라 크게 구별하기도 하지만 이밖에도 빛의 파장 波長에 따라 우리가 느끼는 색의 종류는 무수히 많다. 이처럼 감각에 따라 식별되는 색의 종별, 즉 색채를 구별하기 위해 필요한 색채의 명칭을 색상이라고 한다.

성질이 비슷하다고 느껴지는 색을 순서대로 배열해보면 적, 주황, 황, 황록, 녹, 청록, 청, 청자, 자, 적자와 같이 되어 다시 적으로 되돌아온다. 이와 같이 색상에 대한 감각의 변화는 순환적이며, 이처럼 색상을 둥글게 나열한 것을 색상환 또는 색환이라고 부른다. 색상은 제1차색, 제2차색, 제3차색의 세가지 범주로 나누어 진다.

제 1차색

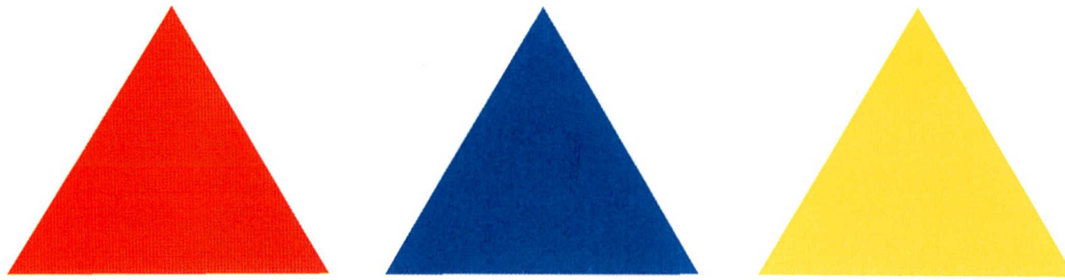

제 1차색은 빨강, 노랑, 파랑이며 이 세가지 색을 기초로 하여 다른 색상이 만들어진다.

제 2차색

2차색은 1차색과 1차색을 똑같은 양으로 섞었을때 얻는 효과이다.
빨강+파랑→보라, 노랑+빨강→주황, 파랑+노랑→초록이 만들어진다.

제 3차색

3차색은 제2차색과 1차색을 같은 양으로 섞었을때 나온다.
예를 들면 노랑+초록→연두색이 만들어진다.

그림 3-4. 색상의 구분

② 명도 *lightness*

색상끼리의 명암 상태, 색채의 밝기를 나타내는 성질, 이러한 밝음의 감각을 척도화한 것을 명도라고 한다.

백색을 가하여 만든 밝은 색은 명도가 높다고 하며 백색을 가하면 가할수록 명도가 높아진다. 그와는 반대로 흑색을 가하면 명도는 낮아지는 것이다. 그러므로 백색에 가까울수록 명도는 높다고 할 수 있다.

명도가 가장 높은 색은 백색이고, 가장 낮은 색은 흑색이다. 가장 흰색과 가장 검은색을 양 끝에 놓고 그 사이에 명도차를 감각적 척도에 따라 균일하게 몇 단계의 무채색 순으로 나타낸 색견본을 무채색 스케일 또는 그레이 스케일 *gray scale*이라고 하며 명도의 기준 척도로 사용된다. 이 그레이 스케일은 물체색의 표준만이 아니라 사진 · TV · 인쇄 등의 명도 상태를 검토하는 테스트용으로도 이용된다.

③ 채도 *chroma*

색의 순수한 정도, 색채의 포화 상태 색채의 강약을 나타내는 성질을 채도 또는 포화도 · *saturation*이라고 한다.

색은 순색에 가까울수록 채도가 높으며, 다른 색상을 가하면 채도가 낮아진다. 따라서 색채혼합을 할 때 여러 색을 섞으면 섞은 만큼 채도가 낮아지는 것이다. 결국 가장 낮은 채도의 색은 무채색이라 한다.

채도가 0인 무채색을 색상환 중심에 두고 이 무채색 축을 기점으로 하여 방사상으로 퍼져 나아갔을 때, 각 색상의 순색을 만나게 된다.

(3) 색상명

다음은 헤어 디자이너, 메이크업 아티스트, 패션 디자이너 등의 컬러리스트들이 자주 사용하게 되는 색들이다.

① 표준 10색상

가장 대표적인 10개의 색상이란 R(*Red*), YR(*Yellow-Red*), Y(*Yellow*), GY(*Green-Yellow*), G(*Green*) · BG(*Blue−Green*), B(*Blue*), PB(*Purple−Blue*), P(*Purple*), RP(*Red−Purple*)의 표준 10색상을 말한다.

② 12톤계

12톤계는 V(*Vivid*), S(*Strong*), B(*Bright*), P(*Pail*), VP(*Very Pail*), Lgr(*Light Grayish*), L(*Light*), Gr(*Grayish*), Dl(*Dull*), Dp(*Deep*), Dk(*Dark*), Dgr(*Dark Grayish*)톤을 말한다.

다음 그림의 색상명 옆에는 그 색의 대표적인 이미지를 설명하였으며 또한 톤 분류도 표기하였다.

R

빨간색 호화로운, 정열
V톤 태양, Energy

연분홍색 패랭이꽃, 여인
L톤 사랑, 부드러움

분홍색 Romantic, 귀여운
P톤 밝은, 달콤한

붉은 매실색 Casual
B톤 건강한, 즐거운

붉은 산호색
B톤 즐거운, 화려한, 건강한

다홍색 Festival, 화려한
V톤 명랑한, 동적인

밤색 Sporty, 친숙한
S톤 즐거운

짙은 밤색 Elegant, 쓸쓸한
Dl톤 복고적인, 고풍스런

철판색 Gorgeous
Dp톤 원숙한 · 고풍스런

산비둘기색 Dandy, 전통적인
Gr톤 신비한, 엷은

짙은 적갈색 Classic, 견고한
Dk톤 토속적인, 실용적인

짙은 갈색 Formal, 튼튼한
Dgr톤 안정된, 멋쟁이

YR

오렌지색 따뜻함, 희망
V톤 빛, 진심

베이지색 부드러운, 우울
Lgr톤 단란한

담갈색 Elegant
Lgr톤 우아한, 온화한

피부색 온화한, 친숙한
L톤 향기로운

금갈색 즐거운, Casual
S톤 행복한, 싱싱한

주홍색 Festival
V톤 명랑한, 젊은

살구색 Sporty, 명랑한
V톤 축하하는, 앳된

부들색 즐거운, Casual
S톤 친숙한

노송나무색 Gorgeous
Dp톤 가을의, 진한 맛의, 풍요로운

향나무갈색 가을 같은, 고풍스런
Dp톤 원숙한

팥색 · 벽돌색 수수한, 편안한
Gr톤 고풍스런, 떫은

짙은 다색 Sepia, 튼튼한
Dk톤 고전적인, Classic

Y

노란색 불안정, 레몬,
해바라기, 별 V톤

크림색, 커스터드크림색
P톤 창백한, 순결

상아색 경쾌한, 담백한
Vp톤 Romantic, 감촉이 좋은

엷은노랑 Romantic, 다정한
P톤, 유연한, 감미로운

노랑 Pretty, 즐거운
B톤 밝은, 행복한

진노랑 Sporty, 신선한
V톤 명랑한, 젊은

겨자색 풍부한, 즐거운
S톤 온화한, 둥그스런

짙은 이끼색 Dandy, 수수한
Dp톤 깊은 맛의

이끼색 Elegant, 쓸쓸한
Dl톤 고상한, 안정된

회갈색 Dandy, 온화한
Gr톤 그리움

녹갈색 Dandy, 떫은
Dl톤 그리움

갈색, 커피색 Formal, 견고한
Dk톤 안정된, 만년의

GY

연두색 신선한, 봄의약초,
후식, 초목 V톤

도토리색
Vp톤 경쾌한

말차색 Elegant
Dl톤 우수 어린, 신선한

밝은 연두색
L톤 신선한, 편안한

갈색 띤 연두색, 고풍스런
Dl톤 향수 어린, 쓸쓸한

황색을 띤 연두색
S톤 Clear, 신선한 청춘의

연두빛 황록색
V톤 Natural, 젊은 생생한

산비둘기색
Gr톤 Dandy, 그리운

녹색을 띤 쥐색
Lgr톤 Natural, 편안, 섬세한

어린 묘종색
L톤 신선한, 편안한

늙은 나무색
Dl톤 Elegant, 향수 어린

마늘쑥색
Dk톤 Dandy, 남성적인

G

녹색 평화, 건강, 안전
V톤 초여름, 화목함

백록색 순결한
P톤 조용한, 그리움

청자색
L톤 Elegant, 안정된, 지적인

어린 대나무색
B톤 Romantic, 상쾌한

청록색
V톤 Clear, 맑은, 안전한

녹색
V톤 청춘의, 신선한

젖빛녹색
P톤 청초한 세련된

안개빛 녹색
Lgr톤 지적인, 조용한

회색빛 녹색
L톤 Elegant, 안정된

에메랄드 녹색
Dp톤 Dandy, 세련된

그늘진 녹색
Dl톤 남성적인, 편안함

정글 녹색 Formal, 휴식
Dgr톤 우수적인, 성실

BG

청록색 터기석, 보석, 청춘의
V톤

청자색 조용한, 신선한
P톤 Elegant

아이스블루
Lgr톤 Noble, 현명한

대나무색 Noble
Dl톤 평온한, 안정된

수풀색 Elegant
L톤 정적인, 사고적인

짙은 대나무색
V톤 안정된, 조용한 이지적인

Aqua Blue 진한 청색
L톤 고상한, 조용한, 사고적인

어린 대나무색
Dl톤 Dandy, 세련된, 우아한

쥐빛 녹색 , 수수한
Gr톤 견실한, 안정된

Prussian Green
Dl톤 한가한, 평온, 우아한

Viridian Green
Dp톤 Dandy, 세련된, 기능적

철광석 색
Dgr톤 Formal, 사고적인

B

청색 희망, 지중색 청결, 자유,
V톤 정의

하늘색 숭고함, Clear
R톤 차가운, 기품있는

닭의 장풀색
B톤 Noble, 청아한, 고상한

엷은 남색
B톤 Noble, 간소한

물색 Clear
P톤 상쾌한, 고상한

짙은 물색
L톤 Noble, 정적인, 사고적인

얼음빛 청색
Vp톤 Clear, 기품있는, 차가운

감청색
Dp톤 Dandy, 권위적인

쥐빛 남색
Dl톤 Dandy, 평온한, 우아한

쥐색 Noble
Lgr톤 수동적인, 사고적인

얼은 쥐빛 남색
Gr톤 Dandy, 외로운

엷은 남색
Dl톤 Dandy, 안정된

PB

청보라색 정숙함, 고독
V톤 우아함, 신비

청자색 Elegant
L톤 슬픔, 고독

은빛 쥐색
Lgr톤 Elegant, 담백한

등나무꽃색
P톤 Clear, 청초한

제비꽃색
V톤 Dandy, 고급스러운

도라지색
S톤 Dandy, 세련된

군청색
V톤 Dandy, 세련된

자색을 띤 남색
Dp톤 Dandy, 위엄있는

엷은 남색
Dl톤 Dandy, 평온한

감청색
Dk톤 Formal, 엄숙한, 정

쥐빛 등나무 색
Gr톤 Dandy, 외로운

짙은 바다색
Dgr톤 Formal, 안정된

보라색 Elegant
V톤 제비꽃, 고독, 고전, 환상

Lavender
L톤 Elegant, 안정된

Clover
B톤 Elegant, 꿈이 있는

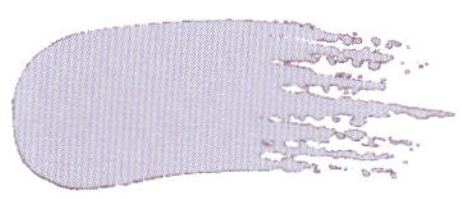

연보라색
Lgr톤 Elegant, 고상한

라일락색
L톤 Elegant, 멋진, 우수에 잠긴

접시꽃색, 신비, 외로움
B톤 환상

보랏빛 매화색
S톤 Elegant, 매혹적인

짙은 매화색
Dk톤 Classic, 장중한

창포색, Elegant
V톤 Gorgeous

깊은 보라색
Dk톤 Dandy, 엄숙한

쥐빛 보라색
Dl톤 Dandy, 그리운

검은 보라색
Dgr톤 Formal, 전통적인

붉은 보라색 Gorgeous
V톤 매혹적인, 방자함, 멋진

쥐빛 매화색
Lgr톤 Elegant

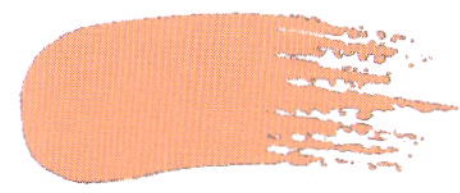

Misty · Coral
L톤 Elegant, 정서적인

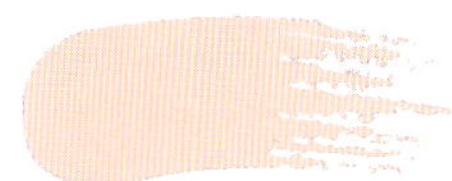

회색빛 벚꽃 색
Lgr톤 우아한, Elegant

모란색, Energy
V톤 감동, 우아함

빨강
V톤 Gorgeous, 화려한

산호색
B톤 Pretty, 즐거움

모란색
Dp톤 짙은, Gorgeous, 공들인

포도주색
Dk톤 진한 맛의, Classic

쥐빛 모란색
Dl톤 Elegant, 회상적인

팥색 고풍스런
Dl톤 Elegant

짙은 팥색
Dk톤 Classic, 견고한

2. 메이크업과 색채

메이크업의 표현요소는 색, 형, 질감이다.

사람은 각기 피부와 모발, 눈동자 등의 고유색을 가지고 있는데 미용디자인의 멋진 연출을 위해서는 자신의 신체색을 파악한 후 이와 잘 조화되는 색을 사용하면 더욱 효과적일 수 있다.

색조 메이크업시 가장 고려되어야 하는 개인별 색채 특성 *personal color*은 얼굴 피부색, 입술색, 눈썹, 눈동자, 머리카락색이다.

1) 파운데이션 색의 선택

베이스 메이크업에서 가장 중요한 파운데이션 색을 선택할 때는 가장 먼저 피부색과의 조화를 생각해야 한다. 피부가 황색계열일 때는 황색계열의 파운데이션을, 핑크계열일 때는 핑크계열의 파운데이션을, 중간색조일 때는 피부색과 유사한 파운데이션을 사용하는 것이 생기를 주고 자연스럽게 보인다.

S존이나 코벽, 턱 등과 같이 면적을 축소시켜 보이게 하고자 할 때나 들어가 보이게 하고자 하는 부위에는 피부색보다 2~3색조 정도 어두운 섀도색을 사용하고, T존이나 V존, 즉 콧등, 이마, 눈밑과 같이 돌출되어 보이게 하여 환하고 밝은 표정을 만들고자 할 때는 피부색보다 2~3색조 정도 밝은 하이라이트 파운데이션을 사용하여 얼굴의 형태를 수정한다.

그림 3-5.
사랑스런 얼굴을 위해 파운데이션은 매트한 것보다 촉촉한 타입을 사용하는 것이 좋으며, 매끈하면서도 윤기가 흐르는 도자기 인형같은 피부를 위해 미세한 펄감이 있는 파우더를 바른다.

2) 아이섀도와 색의 선택

2~4가지 색을 사용하여 빛나는 눈, 그윽한 눈 등 다양한 분위기를 연출할 수 있는 아이섀도는 차가운 색이든 따뜻한 색이든 다른 화장색과 어우러져 유사 또는 보색대비 등으로 조화를 이룰 수 있다. 동양인의 경우 눈동자 색의 명도와 채도가 낮아 어떤 색의 그룹을 사용해도 조화를 이루기가 쉽다.

젊은 층의 경우 페일 *pail*, 라이트 *light*, 브라이트 *bright* 색조로 눈 화장을 하면 발랄하고 투명한 이미지가 부각된다. 그러나 눈가에 주름이 많거나 눈꺼풀이 두툼할 경우에는 펄이 들어 있거나 밝은색은 피하고 차분한 브라운 계열을 사용하며 계절색, 유행색 등도 고려하여 아이섀도 색상을 선택한다.

그림 3-6.
은하수처럼 반짝이는 시머링 아이는 생동감 있어 보이고 화사한 느낌을 준다. 메이크업이 진하지 않아도 화려한 느낌을 연출할 수 있으며 시머 아이섀도 *shimmer eye shadow*를 눈두덩 가운데와 눈 아래, 혹은 눈머리에만 부분적으로 포인트를 주면 눈이 맑고 커 보이는 효과가 있다.

3) 블러셔와 색의 선택

블러셔는 창백한 피부에 안색을 돋보이게 하여 건강하고 아름답게 보이도록 하며, 음영을 주어 얼굴을 수정해주며 눈과 입술을 자연스럽게 조화시켜준다.

블러셔의 색은 피부색과 같은 계열이어야 하며 입술색과 통일감을 이루어야 한다. 즉 피부가 차가운 핑크 계열일때는 블러셔도 핑크나 페일톤의 브라운 색이 우아하고 여성스러운 느낌을 준다.

피부색이 따뜻한 황색계열이면 블러셔는 연한 오렌지, 산호색, 팥색 등 따뜻한 색조이어야 한다. 연한 오렌지나 산호색은 생기를 더해 주며 살구색, 팥색 등 브라운계열은 세련되고 현대적인 느낌을 준다.

그림 3-7.
블러셔의 색을 피부색, 입술색과 같은 같은 계열로 통일감을 주어 표현함으로써 사랑스런 얼굴로 연출하고 있다.

그림 3-8.
볼 중앙을 달콤하게 물들인 애플 치크는 장난스럽고, 소녀스러운 분위기를 만들고 있다. 그림 3-8의 오렌지 치크와 페일 핑크 치크는 2009년 S/W 시즌의 메이크업 트렌드이기도 하다.

4) 립과 색의 선택

립 메이크업은 입술에 색상을 부여해 여러 가지 이미지를 표현하며 입술형태를 수정하여 보다 완벽한 아름다움을 창출해 낸다.

입술 화장은 그 색상과 색조에 의해서 여러 가지 이미지를 만들기 때문에 이에 대한 이해가 필요하다.

(1) 비비드 *Vivid* 톤

비비드 *vivid* 톤은 선명한 색이며 어떤 톤의 색보다도 사람의 눈을 끈다. 그만큼 자기 주장이 강하여 사람에게 주는 인상도 강하다.

선명한 빨강 *carmine*, 선명한 오렌지 *vermillion*, 선명한 귤색 *yellow vermillion* 등의 색이며 명쾌하고 건강미를 주며 섹시해 보이고자 할때 사용한다.

그림 3-9.
창백한 스킨과 *shimmery blue eye make-up*, 내추럴한 블러셔 컬러와 어우러진 선명한 비비드 레드 립이 생기넘치고 섹시해 보인다.

(2) 페일 *Pale* 톤

페일 *pale* 톤은 아주 연한 색상계열에 속하는데 페일은 비비드에 약 10배의 흰색을 섞어서 만들고 있다. 유채색의 톤 중에서 가장 밝은 톤이다. 산뜻한 이미지와 섬세한 이미지가 이톤의 주된 메시지이며 그밖에 낭만적인 꿈의 이미지도 있다.

피부와 입술의 질감이 매끄러울 때 청순한 매력을 더해주며 피부가 거칠거나 안색과 치아색이 맑고 깨끗하지 않거나 입술에 수분이 없어 건조할 때 사용하면 역효과가 난다.

연한 핑크 *baby pink*, 연한 황색기의 핑크 *salmon pink*, 연한 베이지 적갈색, 연한 황색 크림색이 이에 속한다.

그림 3-10.
피부톤과 같은색의 연한 베이지 적갈색 입술색을 사용하여 깊고 그윽한 눈매를 돋보이게 하고 있다.

그림 3-11.
페일 색조인 베이비 핑크색 립 메이크업이 매끄럽게 표현된 피부와 입술의 질감으로 인하여 청순한 매력을 더해주고 부드러우면서도 극적인 느낌을 연출하고 있다.

(3) 라이트 *Light* 톤

라이트 *light* 톤은 연한 색상계열을 말한다. 이 톤은 비비드에 약 6배의 흰색을 섞어서 만든다. 브라이트와 마찬가지로 맑은색이다.

흰색이 섞여서 색깔이 약해지면 가벼운 이미지가 강해진다. 비비드와 같은 자극의 강도가 엷어지면, 우아하고 부드러운 느낌이 된다. 이른바 파스텔톤의 분위기를 말한다. 경쾌성이 있는 반면 침착성이 없는 것도 특징이라고 할 수 있다.

톤의 기호로 말하면 여성들이 더 좋아하는 것이 이 톤이며, 수수해 보이면서도 자연스런 건강미를 느끼게 하고, 밝고 로맨틱한 이미지를 표현하고자 할때 사용하면 효과적이다.

장미 핑크색, 피치색 *peach*, 옥수수색, 노란 수선화색, 오키드 핑크색 *orchid pink*(밝은 보라빛이 도는 핑크), 라일락 꽃색 등이 이에 속한다.

그림 3-12.
싱그러운 피치색 *peach* 입술로 연출된 메이크업이 우아하면서도 자연스런 건강미를 느끼게 한다.

(4) 덜 *Dull* 톤

덜 *dull* 톤은 중채도와 중명도의 색상을 가리키며 덜색조는 비비드에 미디움 그레이를 섞어서 만든다(화이트 15 : 1 블랙).

비비드와 같은 활발성이 상실되고 전체적으로 둔한, 소박한, 노회한, 떫은 맛이 있으며 반면에 차분하고, 수수하고, 젊잖고 엘레강스한 분위기에 잘 맞는다.

둔한 적색 *old rose*, 벽돌색, 연한 황색기의 황토색 *brown*, 둔한 보라색(옛 보라색), 둔한 적자색(매실 보라색) 등이 이에 속한다.

그림 3-13.
밝은 갈색 파운데이션과 밝은 벽돌색 블러셔, 블러셔와 같은 색상의 입술 컬러가 차분하면서도 엘레강스한 분위기를 연출하고 있다.

(5) 브라이트 *Bright* 톤

브라이트 *bright* 톤은 비비드에 흰색을 섞어서 만든다.

흰색 또는 흑색을 섞어서 만든 색은 채도는 떨어지지만 환한 발색이 되어 이미지가 확실한 것이 된다.

이 톤의 특색은 톤 중에서도 비비드의 이미지를 남기고 있기 때문에 비비드가 가진 명쾌성이 밝게 빛나는 이미지를 가지고 있으며 밝다는 것 만으로 보는 사람에게 꿈과 희망을 주는 효과가 있다.

기품이 있고 화려한 분위기를 연출하고자 할 때의 입술색으로 사용하면 효과적이다.

밝은 적색 *cerium*, 밝은 적색기의 오렌지 *nastertium orange*, 밝은 보라색(연 보라색), 밝은 적자색(진달래색), 밝은 청자색(등나무 꽃색) 등이 이에 속한다.

그림 3-15.
맑고 침착하여 고풍스런 이미지와 함께 고전적인 느낌을 주고 진한 적자색 립컬러가 그윽한 아이섀도 메이크업과 어우러져 세련되고 현대적인 느낌을 준다.

(6) 디프 *Deep* 톤

디프 *deep* 톤은 비비드에 50분의 1의 흑색을 섞어서 만든다.

자극이 강한 비비드는 명도를 약간 낮춤으로서 맑고 침착하며 중후한 이미지를 줄 수 있다. 거치른 분위기는 없으나 강함은 남아 있으며 고풍스런 이미지와 함께 고전적인 느낌이 된다.

이미지 메이크업 중에서 클래식 메이크업과 에스닉 메이크업의 입술색으로 많이 사용되고 있으며 진한 적색(꼭두서니 염료색), 주황색, 금갈색, 진한 보라색 *royal purple*, 진한 적자색 *wine red*이 이에 속한다.

입술색을 선택할 때는 색채의 심리효과와 이미지를 충분히 이해하여야 하며, 색상 외에도 색조와 질감을 배려 할 때 아름다운 조화를 이루게 된다.

그림 3-15.
ultra-smoky eye, *shimmery peach shade*와 함께 주황빛 도는 갈색 립스틱 색 위에 갈색의 립글로즈를 칠해줌으로써 전체적으로 스테인과 같은 분위기를 연출하고 있다.

Ⅳ. 테마 메이크업
Theme Make-up

1. 흑백사진 메이크업
2. 컬러사진 메이크업
3. 파티 메이크업
4. 웨딩 메이크업
5. 한복 메이크업
6. 스포츠 메이크업
7. TV 스트레이트 메이크업
8. 광고 메이크업

1. 흑백사진 메이크업

흑백필름은 모든 색상을 순수한 백색으로 시작으로 밝은 회색, 중간 회색, 어두운 회색, 가장 어두운 블랙까지의 미묘한 회색빛으로 전환시킨다. 흑백사진을 위한 메이크업은 흑과 백의 대비표현이 매우 중요하기 때문에 모델에게 시술한 색조 메이크업이 흑백사진에서는 어떻게 표현되는지 미리 알고 색상 선택과 농도 선택을 하여야 한다.

일반적으로 베이스 톤은 원래의 피부색 보다 2단계 밝은 색을 선택하여 바르고, 남자 배우의 스킨톤은 여자 배우보다 2~3단계 더 어둡게 요구되며, 더 나아가 스킨톤은 뒷배경의 톤을 고려하여야 한다.

모든 배경에 맞도록 스킨톤을 변경시킬 수는 없지만 검은색 배경 앞에서는 스킨톤이 밝아지고 백색 배경 앞에서는 어두워진다는 사실을 감안하여 적당한 스킨톤을 선택할 줄 알아야 한다.

원하는 남성이나 여성의 베이스를 결정했으면 베이스 컬러보다 2~3단계 밝은 것으로 하이라이트를, 2~3단계 어두운 것으로 섀도를 선택한다. 좀 더 강한 효과를 내고 싶다면 3~4단계 정도 차이 나는 하이라이트와 섀도를 사용한다.

회색, 카키, 브라운, 검정색 등은 눈으로 보는 것과 같은 명도로 사진에서 표현되나 노랑, 핑크, 하늘색 등의 파스텔톤은 피부와 같은 톤으로 마치 화장을 안한 듯이 표현된다는 점을 잊으면 안된다. 그리고 핑크 베이지 립스틱 역시 피부와 같은 톤으로 보일 것이다. 또한 펄이 들어 있는 아이섀도나 유분이 많은 립글로스는 피하여야 한다.

a) **피부** : 원래의 피부색보다 2단계 밝은 색을 선택하며, 기미, 주근깨 등 결점을 커버한다. 하이라이트 역시 1~2단계 밝은색으로 넣고, 쉐딩이 진한 경우 검게 표현되므로 섬세하게 표현한다.

b) **눈썹** : 회색은 자연스럽게 표현되고 검정+회색은 진하게 표현된다.

c) **눈** : 밝은 부분은 흰색이나 노랑으로, 중간색은 연두나 주황으로 포인트의 어두운 부분은 진한 갈색, 회색, 카키, 검정 등으로 넣어준다. 핑크, 블루, 퍼플 색상은 표현되지 않으므로 피한다.

d) **코** : 갈색 또는 회색으로 약하게 세워 준다.

e) **볼** : 진하지 않게 섬세하게 부드러운 톤으로 표현한다.

f) **입술** : 벽돌색이나 갈색+핑크 등은 중간 회색으로 표현되고 빨강, 와인 등은 진한 색으로 표현된다.

그림 4-1.
흑백사진을 위한 메이크업은 흑백의 대비 표현이 무엇보다 중요하다.
베이스 톤은 밝게하고 펄이 들어있는 아이섀도는 피하는 것이 좋다.

그림 4-2.
20세기를 대표하는 미인들의 얼굴로 흑백의 대비표현이 돋보인다.

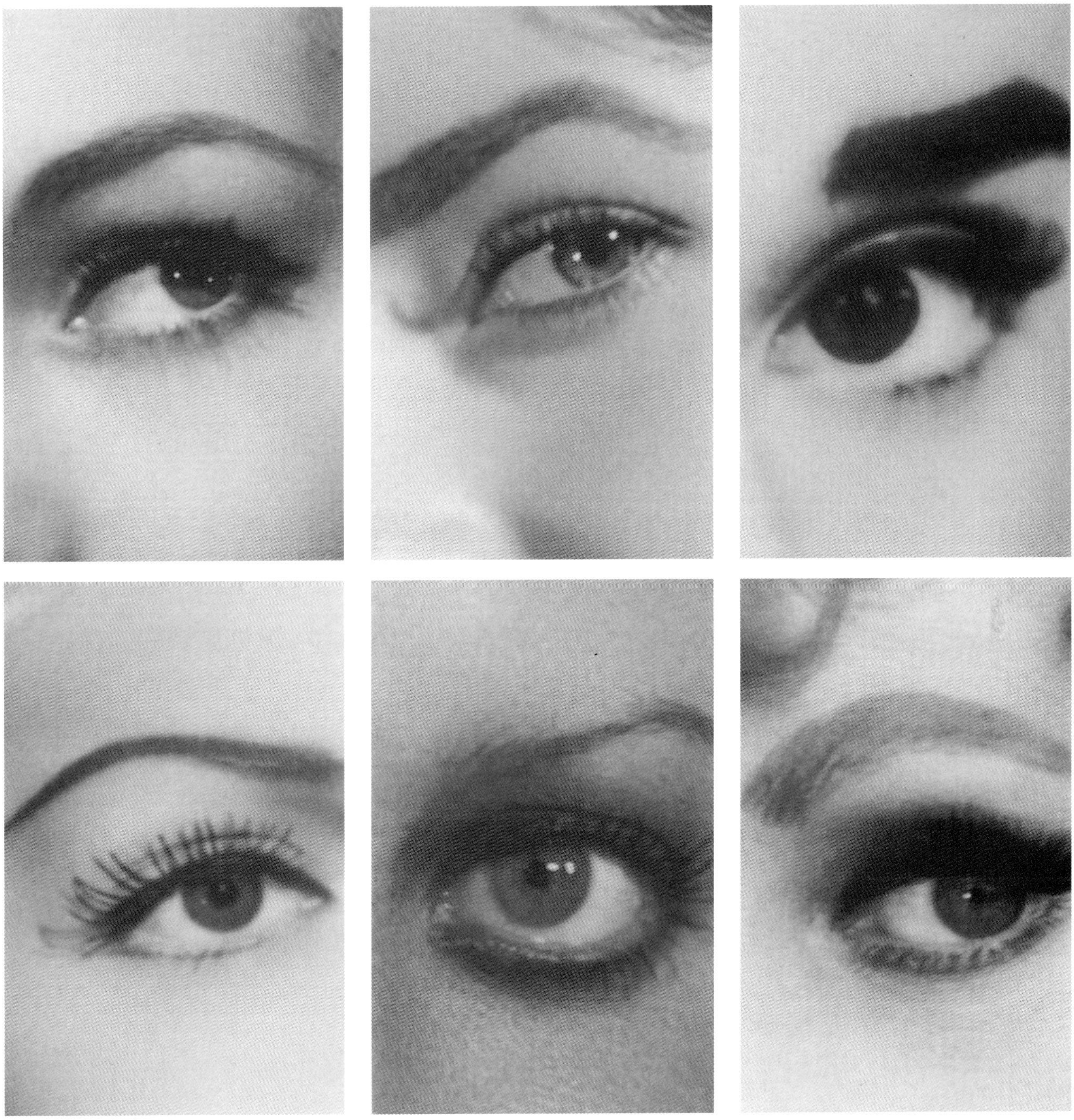

그림 4-3.
그림 4-2의 아름다운 눈의 주인공들.
왼쪽 위로부터 *Kim Novak*, *Elizabeth Taylor*, *Audrey Hepburn*, *Lana Turner*, *Joan Crawford*, *Lucille Ball*

2. 컬러사진 메이크업

컬러사진 메이크업은 색상에 대한 필름의 정확한 연출로 어떤 피부의 흠도 자세하게 분별해 내는 것은 물론, 화면이 고정되고 좁기 때문에 우리의 육안으로 뚜렷이 보여지지 않는, 즉 쉽게 지나칠 수 있는 색과 선이 눈에 두드러지게 나타나게 된다.

메이크업 색상을 선택할 때는 흑백사진의 경우와는 달리 볼터치, 립스틱, 의상이나 액세서리의 색까지도 함께 코디하여 어느 한 곳에 시선이 머무르지 않도록 자연스럽게 조화시켜 내츄럴하며 건강하고, 생기있는 모습을 만들어 내야 한다.

유분이 많은 립스틱이나 립글로스를 피하고 펄이 들어 있는 아이섀도는 함부로 쓰지 않는 것이 좋다. 그리고 사진을 찍을 때는 많은 스포트라이트 때문에 평소보다 땀이나 유분기로 인하여 피부가 광택을 지닐 수 있으므로 반사되는 것을 방지하기 위한 파우더 처리에 세심한 주의가 필요하다.

a) **피부** : 메이크업 베이스는 피부색을 보완하는 색을 선택하여 적당량을 펴바른 후 커버력과 지속력이 우수한 스틱 파운데이션을 사용하여 알맞는 피부색을 찾는데 중점을 둔다.
2~3단계 밝은 색으로 하이라이트를, 2~3단계 어두운 색으로 쉐딩을 턱을 따라 넣어주고 섬세하게 그라데이션하여 입체감이 나타나도록 한다. 투명파우더를 사용하여 꼼꼼히 두드려 준다.

b) **눈썹** : 이미지에 맞는 형을 선택하여 섬세하게 그려준다. 회갈색 연필로 가볍게 그린 후 붓으로 정리하고 섀도를 발라 마무리한다.

c) **눈** : 아이섀도는 모델의 의상색을 감안하여 색상을 고려하여야 하며 얼룩이 생기지 않도록 그라데이션을 만들어주고 선명한 눈매를 위해 다크 브라운이나 다크 그레이로 포인트를 넣어준다.

d) **볼** : 얼굴형이 평면적으로 보이지 않도록 입체감을 준다.

e) **입술** : 입술 라인을 그리고 섀도와 조화되는 색상의 립스틱을 바른다.

그림 4-4.
유사색조를 이용한 메이크업으로 부드럽고 페미닌적인 이미지를 보여준다.

3. 파티 메이크업

파티 메이크업에서는 중요하게 생각할 부분은 장소 *Place*, 조명 *Light*, 의상 *Fashion*이 메이크업의 분위기를 결정하는 중요한 요소가 된다. 파티는 주로 저녁 시간대 실내에서 이루어지며 화려한 조명이 비춰지기 때문에 얼굴이 자칫 평면적으로 보이거나 창백하게 보일 수 있는 한편, 대부분 붉은 기운의 백열등으로 인해 메이크업 컬러의 톤이 감소되므로

그림 4-5.
파티 메이크업은 장소, 조명, 의상 등과 함께 이미지가 결정 되어야 한다.

일반 메이크업보다 조금 진하게 하는 것이 효과적이며 얼굴의 볼륨감이 살아나도록 메이크업에 음영을 넣어 주어야 한다.

가급적 탁색은 피하고 채도가 높은 순색과 고명도색을 사용하는 것이 효과적인데, 레드, 와인, 그레이, 퍼플, 블루, 골드 등이 대표적인 색이다.

전체적으로 밝고 화려한 분위기를 위해 피부톤을 화사하게 표현하고 핑크나 보라색의 파우더를 사용한다. 좀 더 섹시하고 글리터링한 효과를 주고 싶을 때는 T존 부위에 펄 파우더를 사용하면 파티 메이크업의 분위기를 극대화시킬 수 있다.

그러나 파티 메이크업이라고 무조건 화려하기 보다는 지적이면서 우아한 분위기를 유지하는 것이 중요하기 때문에 가급적 본인의 스타일을 존중하는 것이 좋다.

그림 4-6.
일반 메이크업보다 피부톤이 화사하게 표현되어야 파티 분위기를 극대화할 수 있다.

① 이지적인 이미지의 파티 메이크업

차분하고 이성적인 느낌을 살릴 수 있게 컬러를 절제하고 매트한 느낌으로 표현한다.

a) **피부** : 하늘색 메이크업 베이스를 사용하여 피부톤을 정리하고 라이트 베이지 파운데이션을 이용하여 투명한 느낌을 강조하고 투명파우더 또는 연살색 파우더로 화사하게 표현한다.

b) **눈썹** : 펜슬을 이용해 표준형 눈썹으로 그리고 갈색 섀도로 덧발라 부드럽게 해준다.

c) **눈** : 무광택의 회색 아이섀도나 브라운 컬러를 이용하여 눈매를 선명하고 그윽하게 표현한다.

d) **볼** : 갈색으로 볼에 깊이감을 주도록 쉐딩한 후 위쪽에 핑크색을 부드럽게 살짝 더 넣어준다.

e) **입술** : 입술은 너무 연하지 않도록 중간 톤의 색상이 적당하다. 립라인을 그린 후 안쪽으로 그라데이션하고 립글로스를 발라주면 파티의 화려함과 잘 어울린다.

그림 4-7.
이지적 이미지를 살릴 수 있게 매트한 느낌으로 표현한다.

② 신비한 이미지의 파티 메이크업

컬러가 절제된 이지적인 이미지의 메이크업을 기초로하여 회색 아이섀도에는 은색펄을, 브라운 컬러의 아이섀도에는 골드펄을 덧칠해 전체적으로 사이버한 느낌이 나도록 한다. 이때 펄로 얼굴에 전체적인 입체감을 살려 주고, 입술은 살구빛으로 매트하게 표현하거나 그로시한 브라운을 사용하여 마무리하면 신비스러운 이미지를 연출할 수 있다.

그림 4-8.
컬러가 절제된 지적인 이미지에 펄 아이섀도를 쓰면 신비한 느낌이 연출된다.

③ 섹시한 이미지의 파티 메이크업

자신의 장점을 살려 보다 더 아름다워 보이고 싶은 경우, 눈가의 부드러운 곡선과 입술의 풍만한 곡선으로 얼굴의 볼륨을 살려 여성의 매력을 한층 더 돋보이도록 한다.

이 책에서는 섹시한 이미지로 연출하였다.

a) **피부** : 핑크베이지 파운데이션으로 피부를 깨끗이 커버해 준 후 밝은 연핑크 톤으로 T존 부위와 눈아래에 하이라이트를 주고, 2~3톤 어두운 갈색 파운데이션으로 쉐딩을 넣어 그라이데이션한 후 스펀지로 꼼꼼이 눌러 밀착이 잘 되도록한다. 투명 파우더 또는 연살구색 파우더로 화사한 피부표현을 한다.

b) **눈썹** : 회색 연필로 아치형 눈썹으로 그려준 후 갈색 섀도로 덧바르며 약간 강하게 그린다.

c) **눈** : 흰색 아이섀도를 눈 전체에 펴바른 다음 핑크색 섀도를 아이홀 안쪽에 바르고 자주와 남보라를 섞어서 포인트를 넣어 그라데이션 한다. 연핑크색 펄 섀도로 엷게 덧발라 은은한 화려함을 더해 준다. 아이라인은 눈꼬리를 강조하여 선명하게 그리고 인조 속눈썹을 붙이고 마스카라를 여러번 덧발라 깊이감을 준다.

d) **볼** : 핑크빛으로 볼과 눈꼬리 윗부분의 이마에 발라 화사하게 연출한다.

e) **입술** : 진갈색 립라이너 펜슬로 라인을 또렷이 그려주고 구각은 조금 두껍게 그린 후 빈붓으로 안쪽으로 그라데이션하여 볼륨감을 준 후 빨강 립스틱을 펴바른다. 소량의 립글로스를 입술 중앙에 펴발라 촉촉한 입술로 표현한다.

그림 4-9.
촉촉한 입술과 꿈꾸는 듯한 눈이 호소력이 있다.

4. 웨딩 메이크업

1) 신부 메이크업

신부화장은 평소 때보다 약간 짙으면서도 부자연스럽지 않고 청초하며 순결한 인상을 주어 최고로 아름답게 신부를 연출하는 것이 가장 중요하다.

짙은 화장은 피하면서 입체감 있게 표현하고 너무 튀는 메이크업보다는 개성을 살려주는 메이크업, 여성스러운 메이크업을 하도록 하며 눈주위는 어둡지 않게 하고 부분 화장의 라인처리를 섬세하게 한다. 그리고 사진, 비디오 촬영을 위해 비교적 밝고 화사하게 해야 하며, 펄은 많이 사용하지 않는다.

그림 4-10.
생의 가장 아름답고 순결한 절정의 순간이 표현되어야 한다.

목, 귓바퀴도 화장하고 파인 드레스인 경우 목과 어깨에도 수성 파운데이션 *pancake*을 발라주어 얼굴색과 다르지 않도록 하며 붉은색 메니큐어, 인공 선탠, 진한 향수 등은 피한다.

또한 예식장소가 교회나 성당일 경우는 예식장처럼 조명시설이 밝게 되어있지 않으므로 신부의 얼굴이 어두워 보이기가 쉽다. 따라서 T존과 *Base*톤을 한 톤 밝게 하여 화사한 모습을 잃지 않도록 하고, 야외일 경우에는 핑크톤이 강하면 자연광으로 인해 들떠 보이게 되므로, 베이스를 베이지톤으로 해주어 자연스럽고 차분해 보이도록 한다. 또 아이섀도는 옐로와 그린을 사용해 화사하고 산뜻한 느낌으로 자연과 어울리도록 연출하면 좋다. 최근의 헤어스타일은 우아하고 단아한 분위기로 신부의 아름답고 여성스러운 이미지 표현에 중점을 둔다. 물론 드레스 디자인과 맞추는 것은 놓치지 말아야 할 부분이다. 이미지에 따라 청순한 스타일, 우아한 스타일, 화려한 스타일의 3가지 패턴으로 나눌 수 있다.

〈신부화장의 3가지 패턴〉

	청순한 이미지	우아한 이미지	화려한 이미지
Makeup base	흰색	살색	흰색, 하늘색
Foundation	Base : 라이트 베이지 High Light : Ivory Shading : 2~3톤 어두운 갈색	Base : 라이트 베이지 High Light : Ivory Shading : 2~3톤 어두운 갈색	Base : 라이트 베이지 High Light : Ivory Shading : 2~3톤 어두운 갈색
Powder	연핑크 파우더	투명 or 오렌지 파우더	핑크 파우더
Eyebrow	회갈색으로 약간 짧은 듯한 표준형	약간 긴듯한 표준형	표준형 or 아치형
Shadow	High Light : 흰색+연핑크 Base : 연핑크 or 연주홍, 노랑 Point : 핑크 or 주홍, 연두	High Light : Ivory Base : 베이지, 환타 노랑 Point : 진갈색, 자주, 암보라	High Light : 연핑크 Base : 연핑크(펄), 연오렌지, 은회색 Point : 보라, 군청, 자주
Lip	립라이너로 윗입술은 인커브, 아랫입술은 아웃커브로 그리고 핑크, 핑크베이지, 핑크+연핑크(펄), 연주홍색으로 그린다.	빨강, 진빨강, 와인, 와인브라운	빨강+진핑크, 빨강+보라, 연핑크(펄)
Cheek	갈색 파우더로 음영을 살짝 준 후 핑크나 복숭아색으로 볼뼈를 부드럽게 감싸듯이 둥글려준다.	갈색 파우더로 음영을 준 후 오렌지나 오렌지+핑크로 볼뼈 위에 펴바른다.	핑크+보라, 핑크+붉은색

① 청순한 스타일의 신부 메이크업

나이가 어리고 피부상태가 좋을 때 고운 피부를 최대한 살려 깨끗하고 청초한 이미지로 표현한다.

그림 4-11.
청초한 이미지는 신부를 더욱 순결한 이미지로 보이게 한다.

② 우아한 스타일의 신부 메이크업

나이가 좀 들었거나 피부에 결점이 많거나 피부톤이 갈색인 경우 겨자색, 오렌지색, 와인색 등을 이용하여 우아하고 성숙한 분위기를 연출한다.

그림 4-12.
성숙한 여인의 이미지로 표현된 신부 메이크업

③ 화려한 스타일의 신부 메이크업

도시적인 이미지의 세련된 신부에게 어울리는 스타일로 아이홀 안쪽과 입술중앙 등에 부분적으로 펄새도를 조금 사용하여 화려함을 더할 수 있다. 많은 색상을 사용하여 요란해지지 않도록 주의한다.

그림 4-13.
도시이미지의 세련된 신부에게 어울리는 화려한 스타일

2) 신랑 메이크업

남성 연예인들의 대중매체 출연을 위한 메이크업은 이미 보편화되어 있고 시대의 변화에 따라 남성들도 야외 촬영이나 결혼식 때 가벼운 메이크업으로 자신의 개성을 표현하게 되었다. 남성 메이크업은 여성과 달리 소량의 화장품을 사용하여 최대한 자연스러우면서 깔끔한 느낌이 들도록 표현하는 것이 가장 중요하다.

남성 피부는 남성 호르몬인 '테스토스테론'의 영향으로 여성에 비해 피지분비가 많고 과중한 업무, 수면부족, 음주, 흡연, 스트레스로 수분을 잃어 수분함량은 ⅓ 수준으로 지성이거나 수분이 부족한 건성의 성향을 띄는 피부가 많다. 메이크업 전에 쉐이빙제를 이용하여 피부를 부드럽게 한후 깨끗이 면도를 하여주고 세안을 철저히 하여 피지를 제거한 후 애프터 쉐이브 스킨이나 로션을 사용하여 면도 후의 피부를 정돈하여 준다.

애프터 쉐이브 로션은 면도 후 벗겨져 나간 각질층과 무너진 pH 발란스를 회복시키고, 살균작용과 수렴작용을 한다. 건성피부를 지닌 사람의 경우 영양 화장수나 로션을 소량 사용하여 보습과 영양을 공급하고 탄력을 강화시켜준 후 메이크업을 시작한다.

a) **피부** : 스킨로션을 발라 피부를 정돈한 후 메이크업 베이스는 가볍게 펴바른다. 남성 메이크업의 경우 젤 또는 로션타입의 살색 메이크업 베이스가 좋다. 리퀴드 또는 크림 파운데이션에 로션을 섞어 연하게 만든 다음 얼굴에 골고루 점을 찍듯이 소량 찍어 놓고 스폰지로 고루 펴바른다. 색상을 자신의 피부색과 같거나 한톤 어두운 색을 선택하는 것이 자연스럽다. 파우더도 투명보다는 한톤 어두운 베이지 계열로 파운데이션의 반짝거림을 방지할 수 있을 만큼만 소량 사용하여 가볍게 눌러준다. 훼이셜 브러시로 여분의 파우더를 털어낸다.

b) **눈썹** : 눈썹은 자연 그대로의 눈썹결을 살려 두는게 좋다. 눈썹에 묻은 파우더를 털어주고 눈썹결을 브러시로 정리한다. 눈썹이 많지 않거나 빈곳은 에보니 펜슬로 자연스럽게 메꿔주고 너무 폭넓게 퍼져있을 경우는 남성 기본 눈썹형에 맞춰 아래부분을 눈썹용 면도칼을 이용하여 조금 제거하여 준다. 남성의 기본 눈썹형은 아래 그림과 같다.

c) **눈** : 붉은기가 없는 갈색계열의 아이섀도로 코선과 눈주위에 가볍게 음영을 넣어준다. 좀더 선명한 눈매를 원한다면 검정 펜슬로 속눈썹 사이를 메꾸듯이 아주 가늘게 그려준 후 면봉으로 자연스럽게 그라데이션 시켜준다.

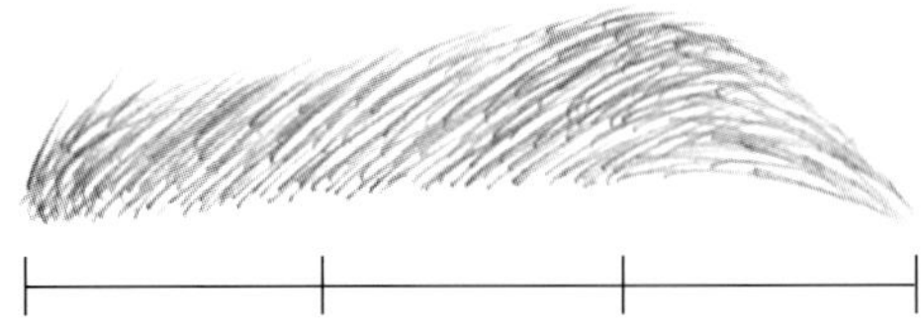

남성 메이크업의 기본 눈썹
3/4 지점에 눈썹산을 두며 가장 넓게 그려주고
눈썹꼬리는 짧게 한다.

d) **볼 :** 일반적으로 볼터치는 하지 않아도 좋다. 볼에 살이 많은 경우나 선명한 윤곽을 원할 경우 갈색계열의 치크로 광대뼈와 턱부분에 자연스럽게 넣어 윤곽을 살려준다.

e) **입술** : 입술에 묻은 파운데이션을 닦아내어 본인의 입술색이 자연스럽게 나타나거나 연한 갈색의 립스틱이나 립그로스를 얇게 바른 후 티슈로 가볍게 눌러준다. 작은 입술이나 입술 윤곽이 없는 경우는 연한갈색 펜슬로 다음과 같은 형으로 수정한후 립스틱을 바르고 티슈로 눌러준다.

남성 메이크업이 기본 입술

그림 4-14.
피부톤은 한 톤 밝게 조절하고 눈은 부드럽게 표현한다.

5. 한복 메이크업

한복은 고전미의 상징으로 한복 자체만으로도 충분한 아름다움을 표현할 수 있으므로 그 이외의 것들이 지나치게 요란해지면 한복 고유의 아름다움을 잃기 쉽다. 선의 아름다움을 강조하는 의상이기 때문에 메이크업 역시 선을 강조하는 메이크업으로 내츄럴하게 표현한다. 전체적으로는 은은한 느낌이 들게 하고 포인트는 입술과 눈 가운데 한 곳에만 주는 것이 좋다. 그러나 한복파티인 경우에는 조금 진하여도 무관하다.

그림 4-15.
의상의 고전적인 이미지와 조화될 수 있는 내츄럴한 표현이 바람직하다.

a) **피부** : 연녹색 메이크업 베이스를 사용하여 피부톤을 한 톤 밝게 조절한다.
파운데이션은 평소보다 한단계 밝게 표현하고 피부가 두꺼우면 탁해보이고 정갈한 한복의 이미지와 잘 어울리지 않으므로 피부가 투명하고 맑아 보이도록 파운데이션을 적게 바르고 투명파우더로 가볍게 눌러준다.
갈색, 오렌지, 산호색 한복 – 베이지톤 피부
핑크, 보라, 청색 한복 – 핑크톤 피부

b) **눈썹** : 조금 가늘고 부드러운 아치형으로 우아하게 그린다.

c) **눈** : 화려한 색상이나 강한 색상대비를 절제하고 가볍고 부드럽게 표현한다.
오렌지색 계열 한복 – 오렌지, 연두
붉은색 계열 한복 – 청색, 회색
자주색 계열 한복 – 자주색, 와인, 퍼플
남색 계열 한복 – 오렌지

그림 4-16.
피부톤은 한 톤 밝게 조절하고 눈은 부드럽게 표현한다.

d) **아이라이너** : 가늘고 또렷하게 그려준다.

e) **볼** : 포인트를 두지 말고 볼뼈를 감싸듯이 은은하게 표현한다.

f) **입술** : 한복이나 아이섀도 색과 유사색상이 적당하며 입술산을 세우지말고 약간 둥근형으로 여성미를 표현한다.

g) **헤어** : 목선과 헤어라인을 그대로 드러내는 형태로 업스타일이 보편적이다. 짧은 머리는 볼륨감을 주어 컬을 살리면서 여성스럽게 표현하거나 부분 가발을 사용하여 스타일을 연출할 수 있다.

h) **네일** : 입술색과 동일 계열이나 한복과 어울리는 연한 색상으로 선택한다.

i) **액세서리** : 한복 색상과 조화되는 옥, 비취 가락지나 노리개, 진주 등이 어울리며 금 등의 장식은 피하도록 한다.

그림 4-17.
목선과 헤어라인이 그대로 드러나는 업스타일의 헤어스타일이 보편적이다.

6. 스포츠 메이크업

운동감을 이미지의 원천으로 하여 기능성을 중요시한 단순한 디자인에서부터 건강과 레저를 위한 밝고 선명한 색상의 디자인에 이르는 활동적인 이미지의 감각을 표현한다.

스마트한 이미지, 밝고 건강한 이미지, 활동적이고 역동적인 이미지, 색채가 화려한 인상 등을 강조한 이미지가 효과적이다.

많은 색상을 사용하면 오히려 이미지를 해칠 수 있으므로 2~3가지 색상을 한정시켜 젊고 밝은 느낌으로 정돈한다.

경쾌하고 즐거우며 자유롭고 생기 있게 연출하는 것이 중요하며, 눈과 입술 양쪽 다 선명한 색을 사용하면 자칫 화려하게 보일 수 있으므로 한 곳에 포인트를 두도록한다.

a) **피부** : 라이트 베이지 파운데이션과 투명파우더를 가볍게 사용하여 건강하고 맑게 빛나는 피부로 표현한다.

b) **눈썹** : 회색과 갈색을 섞어 표준형 눈썹 또는 일직선 눈썹으로 가늘지 않고 자연스럽게 그려준다.

c) **눈** : 오렌지나 산호색, 연하늘색, 그린 등 자연과 잘어울리는 색상으로 진하지 않도록 산뜻하게 표현한다.

d) **볼** : 건강미가 표현되도록 살구색, 오렌지색+갈색 등으로 연하고 부드럽게 넣어준다.

e) **입술** : 주황색 립스틱에 립글로스를 섞어 인커브 스타일로 약간 각지고 투명하게 그리는 것이 더욱 발랄해 보인다.

f) **헤어** : 밝고 경쾌하게 표현하는 것이 중요하므로 헤어 중심점이 위로 향하게 하는 포니테일 스타일이나 짧은 머리일 경우 모발 끝이 바깥쪽으로 향하는 것이 발랄한 느낌을 살려준다.

g) **액세서리** : 행동에 불편을 주지 않는 귀에 붙는 작은 귀걸이 정도로 심플하게 장식한다.

그림 4-18.
스포츠 메이크업에서는 경쾌하고 자유로운 삶의 활력과 생기가 표현되는 것이 무엇보다 중요하다.

그림 4-19.
활동적인 이미지, 맑고 건강한 이미지의 감각을 표현할 수 있어야 한다.

7. TV 스트레이트 메이크업

TV *Straight Make Up*이란 방송 메이크업의 기본으로 아나운서, MC, 앵커, 기자, 리포터, 명사 등을 대상으로 자연스럽고 건강하며, 생기있는 모습으로 연출하는 메이크업이다. 시청자들에게 신뢰감 및 책임감을 주는 인상이어야 하며, 화면도 인물을 중심으로 부드럽고 아름다운 영상을 만드는데 모아지므로 너무 많은 색을 사용하는 메이크업은 자연스럽지 못하고 거부감이 생기기 때문에 색채의 절제가 필요하다.

또한 뉴스 전달자의 두꺼운 화장은 시청자들로 하여금 마치 연기자의 연기처럼 보여져 뉴스의 신뢰감이나 진실성을 왜곡시킬수 있는 것이다. 특히, 이른 아침 뉴스의 경우 여자 아나운서의 지나친 색조화장 이나 결점 수정 화장 보다는 자신의 얼굴 중 최대장점 하나를 포인트로 살리는 기법을 활용해야 한다.

TV 메이크업의 여러 가지 색상사용은 그 색의 재현색을 염두에 두어야 하며 깔끔하고 지적인 세련된 이미지 연출을 필요로 한다.

일반적으로 밝은 드레스나 양복, 밝은 배경에 의해 형성되는 주위색이 밝을 경우 연기자는 다소 밝은 색조의 메이크업을 해야한다. 그렇지 않으면 피부색이 너무 어둡게 보이기 때문이다. 반대로 주위색이 어둡다면 평소보다 약간 어둡게 메이크업을 해야 얼굴과 피부색이 너무 밝게 보이지 않는다. 그와 반대로 배경색이 녹색일 경우는 피부색이 황색으로 보이므로 메이크업 기본색을 붉은톤으로 사용하는 것이 효과적이다.

최근에는 방송 제작 방식이 기존의 아날로그 방식을 이용한 TV와는 달리 디지털 방송을 이용한 HDTV 제작으로 급속히 전환되고 있다. HDTV의 특징은 높은 해상도와 선명한 화질, 구현할 수 있는 색상의 스펙트럼이 크게 개선되었다는 점이다. 따라서 메이크업 제품의 기술력에 있어서도 제품 입자의 흡착력과 커버력이 매우 우수해졌으며 색조 화장품의 색상 또한 자연스런 피부색의 표현에 초점을 맞추어 개발되었고 TV 스트레이트 메이크업에서도 이러한 제품들을 활용한 섬세한 결점커버와 생기있게 빛나는 투명감있는 피부표현, 자연스러운 색조화장 등의 테크닉이 절실히 요구된다.

1) 남성(신랑 메이크업 참조)

a) **피부** : 메이크업 하기 전에 면도를 하고 세안을 철저히 한다. 스킨으로 피부를 정돈한 후 로션타입의 메이크업 베이스를 가볍게 바르고 리퀴드 파운데이션이나 피부색에 맞는 스틱 파운데이션에 로션이나 메이크업 베이스를 섞어 엷게 만들어 최대한 얇게 펴바른다. T존과 V존에 하이라이트를 넣어 주고 연한 베이지색 파우더를 소량 분첩에 묻혀 고루 비빈 다음 두들기듯 발라준다.

b) **눈썹** : 아이브로우 펜슬이나 에보니 펜슬을 사용하여 눈썹이 없는 곳을 한올 한올 심듯이 메꾸어 주되 너무 진하지 않게 표현한다.

c) **눈** : 붉은기가 없는 갈색계열의 아이섀도로 코선과 눈주위에 가볍게 음영을 넣어준다. 아이라인은 검정 펜슬로 살짝 그려준 후 면봉이나 가는 브러시로 자연스럽게 그라데이션 시켜준다.

d) **볼** : 치크 표현은 별도로 하지 않으나 표현할 경우 광대뼈와 턱부분에 직각으로 넣어 남성다움을 표현한다.

e) **입술** : 입술색 그대로 표현해주고 윤곽이 뚜렷하지 않을 경우 연갈색 펜슬로 윤곽을 잡아주고 립스틱을 바른 후 티슈로 가볍게 눌러준다.

1) 여성

a) **피부** : 피부톤에 맞는 메이크업 베이스를 바른 후 피부색에 맞는 파운데이션을 엷게 펴바른 다음 컨실러 브러시에 커버력 있는 컨실러나 스틱, 크림 파운데이션을 소량 묻혀 결점부위를 섬세하게 커버하고 밝은 연핑크톤이나 아이보리톤으로 T존부위와 V존부위에 하이라이트를 주고 2~3톤 어두운 파운데이션으로 쉐이딩을 자연스럽게 넣어준다. 투명 파우더를 사용하거나 얼굴이 야윈 사람은 얼굴 중앙에 밝은 살색 파우더를 사용한다.

b) **눈썹** : 눈썹은 잘 빗어 정리한 다음 일반적으로 표준눈썹을 그리되 모델의 얼굴형에 따라 응용한다. 자신의 머리색과 비슷한 색의 연필로 그린 후 섀도로 연필이 번지지 않도록 다시한번 덧발라 마무리 한다. 최근에는 눈을 연하고 자연스럽게 그리는 경향이 있으나 방송메이크업에서 눈썹이 너무 연하면 희미한 인상이 되므로 뷰티 메이크업 보다는 조금 진한 듯 그려주는 것이 선명한 느낌을 준다.

c) **눈** : 아이섀도는 연한갈색, 살색, 살구색, 겨자색 등 차분한 색상을 엷게 펴바르고 포인트는 진한갈색 또는 진한회색 등으로 음영을 준다. 의상에 맞춰 그린, 블루, 퍼플 등의 파스텔톤의 아이섀도를 할 때에는 너무 화려해지지 않도록 펄이 들어간 제품은 삼가하며 은은한 느낌이 들도록 표현한다. 아이라인은 검정색 펜슬이나 수성 아이라이너로 선명하게 그려준다.
방송 메이크업에서는 아이섀도는 연하게 바르고 아이라인을 강조하는 것이 눈매를 또렷하게 보이게 한다. 경우에 따라 속눈썹을 다듬어서 붙인다.

d) **볼** : 갈색이나 갈색+오렌지, 또는 살구색 등을 사용하여 라인이 들어나지 않도록 자연스럽게 펴바른다.

e) **입술** : 립펜슬로 윤곽을 그린 후 의상색과 아이섀도에 맞춰 립스틱을 발라준다.

8. 광고 메이크업

광고 메이크업은 하나의 제품을 상품화 하는데 소비자에게 전달하는 효과를 극대화 시키는 작업으로 가장 중요한 것은 먼저 제품의 종류를 파악하고 광고의 컨셉 *concept*을 인지하여 최대한의 광고효과를 누릴 수 있는 메이크업을 선정하는 것이다. 특히 컬러 광고 메이크업은 메이크업과 병행되어지는 여러 요소들, 즉 의상, 조명, 소품, 촬영장소의 세트 등과의 상호 조화를 검토한 후 메이크업을 하여야 한다. 메이크업을 하기 전 인지사항으로 몇 컷 *cut*인지, 어떤종류의 컷을 원하는지를 파악하고 장소는 실내인지 실외인지를 파악하여 의상을 입는 순서와 메이크업과 헤어는 모델에게 변형이 쉬운 순서로 결정한다. 즉 메이크업은 내추럴부터 진한 메이크업 순으로 진행하며, 헤어는 드라이 손질부터 컬, 업스타일 순으로 진행한다. 또한 메인 모델과 엑스트라 모델, 촬영순서에 따라 시간안배를 하여야 하며 긴급상황에 대처하기 위해 기본적인 액세서리나 소품, 가발 등은 준비하는것도 필요하다.

광고는 매체에 따라 포스터, 전단, 잡지 카탈로그 등의 인쇄매체(지면광고)와 TV, VTR, 홍보영화 등의 영상매체(화면광고)로 분류된다.

1) 인쇄매체

시안에 기초하여 메이크업을 하게 되며 고정된 사진이므로 깔끔하며 정교한 메이크업을 하여야 한다. 화사하고 생기있는 피부로 표현하고, 남녀노소 여러 등장 인물간의 피부톤을 조절해야 한다. 잡지 표지와 같이 클로즈샷 *close shot*인 경우에는 좀더 세심하게 그라데이션 시켜 주어야 하며 특히 아이라인은 두껍지 않도록 그리며 아이라인과 눈동자 사이에 점막이 하얗게 떠 보이는 경우에는 검정 펜슬로 점막에 그려주어 떠 보이지 않도록 한다. *Full cut*인 경우에는 윤곽을 뚜렷이 하기 위해 하이라이트와 쉐딩을 조금 더 넣어 준다.

2) 영상매체

콘티 *conti* 또는 시나리오에 근거하여 메이크업을 하며 콘티 또는 시나리오 상의 인물, 샷의 종류, 캐릭터의 중요도를 파악하여 컷의 변화과정에 맞추어 메이크업 한다. 지나가는 화면이므로 인쇄매체 보다는 덜 세심한 편이나 캐릭터 간의 하모니를 이룰 수 있도록 피부톤 조절에 신경을 써야 한다.

a) **피부** : 장시간 뜨거운 조명 앞에서 촬영해야 하는 점을 감안하여 유분이 적은 리퀴드 타입의 메이크업 베이스를 바른 후 커버력과 지속력이 우수한 스틱 파운데이션을 사용하며, 하이라이트와 쉐딩을 넣어 윤곽이 뚜렷한 열굴형으로 수정해준다. 베이스와 하이라이트 부분은 투명 파우더로 꼼꼼히 눌러주고 쉐딩부분을 오클계 파우더를 발라준다.

참고로 최근에는 완벽하게 커버된 두꺼운 피부표현 보다는 좀 더 얇고 투명한 윤기있는 피부표현을 추구하는 경향으로 커버력있는 리퀴드 파운데이션을 가볍게 펴바르고 잡티있는 부분을 컨실러로 수정한 후 파우더를 소량 사용하여 맑고 투명한 피부표현에 중점을 두고 있다.

b) **눈썹** : 청순해 보이거나 자연스럽게 또는 섹시하게 광고이미지에 맞는 형을 선택하여 에보니 펜슬로 형태를 잡아준 후 회색과 갈색 섀도를 섞어 꼼꼼히 메꾸어 주듯 그린다.

c) **눈** : 모델의 의상색을 감안하여 색상을 선택하며 광고이미지에 맞춰 자연스럽게 또는 화려하게 표현한다. 일반적으로 연한 살색이나 겨자색, 오렌지, 연핑크를 눈두덩이에 펴바르고 진한 갈색이나 진한 회색으로 포인트를 넣고 그라데이션 시켜주어 선명한 눈매로 표현한다.

모던하거나 사이버한 이미지 연출에는 펄이나 반짝이를 사용하고 이미지에 맞게 가는 속눈썹이나 톡톡 튀는 듯한 뾰족뾰족한 속눈썹을 붙여 줄 수 있다.

d) **볼** : 얼굴이 평면적으로 보이지 않도록 갈색으로 얼굴 윤곽선을 가볍게 터치 해주고 화사함을 요구할 경우 아이섀도 색상과 어울리도록 핑크 오렌지, 살구색으로 갈색 볼터치 조금 윗부분에 넣어 준다. 귀여움을 표현할 때는 핑크색으로 볼뼈 중앙에 동그랗게 넣어준다.

영상매체의 경우 인쇄매체 보다 1톤 더 어둡게 쉐딩 처리한다.

e) **입술** : 입술라인을 그리되 립스틱과 같은 색상의 라이너를 사용하여 라인이 튀지 않도록 한다. 의상색과 아이섀도에 맞추어 립스틱을 바른다. 최근에는 그로시한 메이크업의 유행으로 립그로스를 발라주기도 한다.

V. 이미지 메이크업
Image Make-up

1. Natural Make-up
2. Elegance Make-up
3. Romantic Make-up
4. Classic Make-up
5. Ethnic Make-up
6. Sophisticated Make-up
7. Dramatic Make-up
8. Mannish Make-up

1. Natural Make-up

내츄럴은 '자연의, '천연의, '가공하지 않은', '보통의' 를 의미하는 용어로 인간 본래의 모습은 거슬리지 않고 변형이나 과장을 피한 실루엣으로 자연스럽고 자유로우며 부드럽고 친근감있는 자연미를 강조하는 것이다.

내츄럴 패션은 믹스매치로 여러개의 옷을 조화시켜 있으므로써 자연스러움을 표현한 디자인이 주를 이룬다. 내츄럴 이미지에 어울리는 색상은 베이지, 아이보리 등 소박하고 편한함을 느끼게 하는 컬러가 주조색이 되며 그린의 조화로 자연의 느낌을 더해준다.

그림 5-1.
내츄럴한 분위기는 무엇보다 억지로 꾸미지 않은
자연스러운 아름다움이 포인트가 된다.

＊ Make-up의 특징

자연스러운 *natural* 화장은 최소한의 메이크업으로 더 밝고 건강하게 보이도록 외양을 향상시켜주는 것으로 화장 안한 본래의 모습에 가장 가깝도록 인위적인 느낌이 없이 자연스럽게 연출하는데 초점을 둔다. 자연스러운 메이크업의 열쇠는 얼굴에 거의 아무것도 바르지 않은 것처럼 보이게 하는 것이다.

반면에 무난한 메이크업은 강하고 진할수도 있으며 대개의 경우 잘 가꾸어져 보임과 동시에 너무 화장을 많이 한 것 같지 않게 보이기를 원하는 사람들이 많이한다. 무난한 메이크업의 색상 조합에는 베이지, 갈색, 진회색, 아이보리 계열 등이 포함되며, 모두 피부에서 발견되는 색상들이다. 이처럼 자연스러운 메이크업과 무난한 메이크업에는 차이가 있으며 혼돈하지 않도록 한다.

a) **피부** : 원래의 피부톤을 살리기 위해 피부색과 유사한 리퀴드 파운데이션을 펴바르거나 피부가 좋을 경우 아예 쓰지 않을 수도 있으며 눈밑의 그늘을 감추기 위해 소량의 컨실러나 밝은색 파운데이션으로 이마, 눈밑 부분, 콧대에 살짝 하이라이트를 주어 과장되지 않은 입체감을 준다. 투명파우더를 소량 사용하여 얼굴의 유분기만 제거한다.

b) **눈썹** : 가늘어지지 않게 주의하며 내추럴한 분위기를 살리기 위해 한올 한올 심듯이 눈썹 모양을 만든 다음 갈색 섀도를 사용하여 눈썹꼬리까지 자연스럽게 마무리한다.

c) **눈** : 아이보리 섀도를 눈두덩이 전체에 펴바른 후 연한 살구색을 베이스로 중간 갈색을 포인트 부분에 사용하여 그라데이션한다. 밝은 섀도로 인해 인상이 느슨해 보이지 않도록 진한 갈색 또는 카키색으로 눈꼬리에 포인트를 살짝 넣어준다.

d) **볼** : 살구색과 연핑크를 섞어 둥글리듯 연하게 펴발라 준다.

e) **입술** : 엷은 베이지와 엷은 주황색을 혼합하여 입술 모양에 맞춰 발라준다.

f) **헤어** : 드라이하거나 굵게 셋팅하여 탑 *top* 부분에 머리를 올려서 묶어주고 나머지 머리는 자연스럽게 연출한다.

그림 5-2.
원래의 신선한 피부톤을 살리고 살구색이나 연핑크로 가볍게 볼을 표현한다.

2. Elegance Make-up

엘레강스는 불어로 '우아한', '고상한', '맵시'란 뜻이다. 성인을 대상으로 페미닌풍을 주제로 하는 컨서버 리치 *Conserver Rich*한 패션 감각을 말한다. 고상함, 단정함 등 품위있는 이미지를 지향하는 감각으로 인체의 곡선미를 살려서 둥근 어깨선, 부풀린 가슴선, 잘록한 허리선 등을 강조한 스타일이다.

그림 5-3.
여성다움이 강조된 이미지로 곡선미의 표현과 세련된 색채설계가 중요하다.

이 이미지는 레이스, 프릴, 플라운스, 리본 등의 트리밍이 자주 이용되며 소재의 표면도 매끄럽고 광택이 있는 것이나 부드러운 것, 반투명한 보일 *voile*, 시폰 *chiffon*, 오간자 *organza*, 론 *lawn* 등이 이용된다. 또 체형에 따라 몸에 꼭맞는 실루엣이나 허리선을 강조한 것, 깊게 파인 네크라인과 컬러, 스커트의 깊은 트임 등은 성숙한 여성 체형의 아름다움을 암시하는 효과로도 이용한다.

그림 5-4.
애니머스 *animus*적인 품성이 최대한 절제되고 부드럽고 고상한 페미닌의 감성이 지향된다.

＊ Make-up의 특징

엘레강스 메이크업은 우아하면서도 흐트러짐 없는 깔끔한 것이 특징이다. 고상한 품위를 자랑하는 세련된 색과 절제된 느낌과 차분한 기품을 자랑하는 느낌의 색상이 어울리며 색상은 부드럽고 성숙한 핑크, 인디언 핑크, 오렌지에 갈색, 회색, 퍼플, 붉은 갈색 등이 적합하다.

질감은 차분한 느낌을 주기 위해서 매트한 느낌의 화장품을 선택하고 어느 한 곳을 강조하는 것보다 전체적으로 부드럽고 무난하게 처리하는 것이 좋다.

a) **피부** : 부드럽고 밝은색의 피부를 표현하고 하이라이트와 쉐딩은 연하게 넣어준다.

b) **눈썹** : 회색과 갈색을 혼합하여 자연스럽고 연한 색조로 부드러운 곡선형 눈썹으로 여성스러움을 표현한다.

c) **눈** : 밝고 사랑스러운 컬러 핑크, 복숭아색, 코발트색이나 파스텔 색조를 사용하여 바탕색을 표현하고 포인트는 갈색, 자주, 보라 등으로 너무 강하지 않게 넣어주고 언더 섀도도 부드럽게 넣어준다. 아이라이너는 눈 중앙 부분을 조금 굵게 그려 여성스럽고 귀여운 눈매를 표현한다.

d) **볼** : 핑크에 갈색을 섞거나 복숭아 색을 사용하여 약간의 혈색을 표현한다.

e) **입술** : 핑크 베이지, 산호색, 와인 등으로 편안하고 우아한 느낌으로 입술모양을 따라 너무 과장되지않게 그려준다.

f) **헤어** : 굵은 웨이브 있는 머리, 부드러운 단발, 굵은 컬이 있는 자연스런 업스타일 등이 여성스런 우아함을 잘 표현한다.

그림 5-5.
둥근 어깨선, 부드럽게 흐르는 허리선 등 여성 특유의 아름다움이 돋보인다.

3. Romantic Make-up

로맨틱이란 '공상적', '전기적', '비현실적'이라는 의미로써 사용되는데 사랑스럽고 달콤하며 아름답고 공상적인 느낌이다. 복식용어로써의 로맨틱이라는 말은 화려하고 우아하며 환상적인 분위기를 가르킨다.

또 귀엽고 사랑스러운 소녀적인 이미지를 갖는 것으로 기능성보다는 장식적인 요소가 강한 것이 특징이며 소재는 주로 부드러운 질감의 꽃무늬와 민속풍의 기하학적 무늬를 사용하며 화려하고 산뜻한 색조를 사용한다. 로맨틱 패션은 클래식 패션과는 항상 병행하며 스포티패션과는 언제나 역행한다.

그림 5-6.
소녀시절의 낭만이 귀엽고 아름답게 표현되었다.

* Make-up의 특징

사랑스럽고 귀여운 느낌, 낭만적인 인상이 특징으로 파티적인 분위기의 화려한 느낌으로 색조화장이 강조되며 조명을 의식한 화장, 저녁모임의 메이크업을 연상하게 한다. 전체적인 색조는 로맨틱의 대표색인 핑크를 주조로 하며 옐로, 블루, 퍼플 등의 페일톤과 배색하면 효과적이고 직선보다 곡선위주의 메이크업이 좋다.

그림 5-7.
환상적인 분위기를 연출한 로맨티시즘의 미학

a) **피부** : 핑크빛이 도는 파운데이션과 파우더로 밝고 화사하게 표현한다.

b) **눈썹** : 갈색 펜슬로 아치형으로 그린 후 아이섀도의 포인트 컬러를 눈썹 앞머리에 넣어주어 화사하게 보이도록 한다.

c) **눈** : 베이스로 연한 핑크를 펴 바른 후 눈꼬리에 진한 핑크 또는 블루, 보라를 넣어 부드럽게 그라데이션 한다. 펄이 들어있는 섀도나 파우더로 눈썹뼈와 눈동자 베이스 중심에 하이라이트를 주면 더욱 화려해 보인다.

d) **볼** : 산호색이나 핑크 계열로 볼을 감싸듯이 펴바른다. 평소보다 다소 진하여 혈색 있게 표현하는 것이 사랑스러운 느낌을 더해줄 수 있다.

e) **입술** : 핑크계열 등 화사하고 붉은 계열을 선택하여 아웃 커브로 그리고 중앙에 하이라이트를 주어 도톰하게 표현한다.

f) **헤어** : 짧은머리 보다 긴머리에 컬 *curl*을 넣어 머리를 부풀려 올려 과장하거나 모자에 꽃이나 깃털로 장식을 달아 낭만적인 분위기를 연출한다.

g) **액세서리** : 코사지나 리본 등 화사하고 다양한 반투명 구슬을 이용한 헤어핀이나 스팡클, 크리스털 등의 장식과 모조보석이나 액세서리로 화려함을 더한다.

그림 5-8.
판에 박힌 일상의 틀을 벗어난 영혼의 자유로움이 엿보이는 메이크업

4. Classic Make-up

클래식은 '기본적', '표준적인'란 뜻을 가지고 있으며 고전적이고 전통적인 시대를 초월하는 가치와 보편성을 지닌 고품위의 중후하고 깊은 맛을 가진 의상을 클래식이라 부른다.

패션에서의 클래식은 고전적인 안정감의 정통파를 추구하며 단아하고 전형적인 예식과 격식을 차린 모범적 스타일로 디자인은 비교적 단순하며 유행의 변화가 많지 않고 색채나 소재의 변화를 약간 주는 유행에 관계없이 오랫동안 지속적으로 입혀지는 테일러 슈트, 가디건, 샤넬 슈트 등이 전형적인 예라고 볼 수 있다.

그림 5-9.
고전은 깊은 맛을 갖고 있다.
비교적 단순하나 유행의 변화가 많지 않아 안정적이다.

대체로 클래식은 유행에 크게 좌우되지 않는 편이지만 다소의 기복은 무시할 수 없다. 하나의 유행이 절정에 달하여 포화상태가 되면 자연히 쇠퇴하기 마련인데 이 시기에 항상 클래식이 부활하곤 한다. 그리고 그 다음에는 새로운 타입의 유행이 서서히 발아되고 그것이 정점에 달해 쇠퇴하면 또 다시 클래식이 부활한다.

* Make-up의 특징

현대의 트렌드한 메이크업과는 거리가 있는 정석적인 메이크업으로 공식적인 모임이나 여성스러움을 표현할 때 적합하다. 깨끗하고 안정된 피부톤에 포인트 메이크업이 튀지 않게 하며 귀족적이고 지적인 분위기를 연출해야 하고 기품이 있어 보여야 한다. 곡선적이고 부드러운 계통의 색상을 사용하여 성숙한 여성미를 나타낸다.

a) **피부** : 투명한 베이지 계열의 파운데이션을 펴바른 후 T존과 눈밑에는 아이보리색으로 하이라이트를 넣어주고, 볼과 턱선에 갈색으로 음영을 주어 전체적으로 차분하고 안정된 피부톤을 갖도록 한다. 투명파우더를 가볍게 눌러준다.

b) **눈썹** : 회갈색 펜슬을 사용하여 표준형이나 부드러운 아치형 눈썹으로 그리고 붓으로 정리해 준다.

c) **눈** : 아이보리색을 눈두덩이 전체에 펴바른 후 베이스 컬러로 노란빛이 도는 갈색(겨자색)을 아이홀 안쪽에 바르고 그라데이션한다. 포인트 색상으로 짙은 갈색이나 와인, 보라 등을 넣어 깊이 있고 품위가 있도록 연출한다.

d) **입술** : 유분이 많지 않은 매트한 제품으로 산호색, 커피색, 와인브라운, 자주색 중 이미지에 맞도록 선택하여 스트레이트형이나 부드러운 직선형으로 바른다.

e) **볼** : 갈색과 핑크를 섞은 색상으로 너무 진해지지 않도록 주의깊게 펴바른다.

f) **헤어** : 품격을 나타내는 업스타일이나 짧은 단발머리의 웨이브진 스타일로 우아하고 지적인 분위기가 잘 어울린다.

g) **액세서리** : 액세서리나 소품 등이 예절을 갖춘 옷차림을 완성하는데 중요한 역할을 하는데 광택이 적은 금속성의 제품이나 진주 등이 좋으며 귀걸이는 늘어지는 것 보다 귀에 붙는 것이 적합하고 목걸이, 모자, 장갑, 정장의 핸드백, 구두 등을 매치하면 더욱 더 클래식한 분위기를 연출할 수 있다.

그림 5-10.
공식적인 모임이나 격조있는 분위기의 장소에는 기품이 있는 클래식 이미지가 어울린다.

5. Ethnic Make-up

에스닉은 '민간전승', '민속', '민속학', '인류학적' 등의 뜻을 가지며 세계 여러 나라의 민속의상과 평민복에 나타난 고유의 염색직물, 패턴, 자수, 액세서리 등에서 영감을 얻어 디자인한 토속적이며 소박한 느낌을 주는 것이다. 특히 종교적 의미가 가미된 것으로 비기독교적 민속을 지칭한다.

그림 5-11.
이국적인 분위기의 연출은 삶에 엑센트를 부여한다.

에스닉 디자인에 영감을 준 대표적인 것으로는 중근동의 종교의상, 잉카의 기하학적 문양, 인도네시아의 바틱, 인도의 사리 등이 있고, 1990년대에 다카다 겐조 *Takada Kenzo*가 중국, 베트남, 러시아, 모로코, 아라비아의 민속의상을 에스닉 팬츠로 디자인하여 크게 유행시켰다.

에스닉 이미지에는 오리엔탈리즘 *orientalism*, 엑조틱 *exotic*, 트로피컬 *tropical*, 포클로어 *folklore* 등이 있다.

그림 5-12.
민속적인 모티브는 장식적일 때도 순박한 느낌을 준다.

그림 5-13.
중동지역이나 남미의 이국적인 분위기는 프리미티브 *primitive*한 아름다움을 갖고 있다.

6. Sophisticated Make-up

소피스티케이티드는 어른스런 감각과 도시적인 세련미를 가진 전문직 여성의 패션스타일이며 고도의 센스로 다듬어진 세련미가 특징이다.

어딘지 모르게 섹시하면서도 스마트함을 표현하는 도시감각의 성숙된 이미지를 밀도있게 표현하는 패션을 의미한다.

20대와 30대 여성들이 선호하는 감각으로써 지성미와 교양미를 여성 최대의 아름다움으로 표출시킨다.

심플함, 베이직함 등으로 커리어우먼의 분위기를 한껏 살리며 우아한 표현 중에 빛나는 독창성, 지적인 인상, 감성미와 이성미의 조화를 이루는 세련성을 중요시한다.

이브 생 로랑, 조르지오 아르마니 등이 이 경향에 속하는 대표적 디자이너이다.

* Make-up의 특징

도시적이며 지성미를 표현하기 위해 컬러풀한 것보다는 단색 위주로 약간은 차가운듯 하면서도 리치한 감각이 느껴지도록 한다.

a) **피부** : 베이지톤의 파운데이션을 펴바른 후 아이보리색으로 하이라이트를 주고 2~3톤 어두운 갈색 파운데이션으로 음영을 주어 그라이데이션한다. 투명파우더로 가볍게 눌러준다.

b) **눈썹** : 회색 아이브로우 펜슬로 아치형으로 그리고 붓으로 정리한다.

c) **눈** : 흰색 또는 아이보리 섀도를 눈두덩이 전체에 펴바른다. 청회색으로 포인트를 넣어 눈꼬리는 진하게 하고 앞쪽으로 부드럽게 그라이데이션한 후 은회색을 눈 중앙에 바르고 아이홀 위쪽으로 펴올려준다. 언더라인도 청회색을 가는 붓으로 넣어주고 은회색을 펴바른다.

d) **볼** : 갈색 파우더나 콤팩트를 사용하여 샤프한 느낌이 나도록 사선으로 넣어 주고 연핑크로 갈색 위쪽에 한번 더 넣어 차가운 느낌을 보완한다.

e) **입술** : 붉은기가 돌지 않는 갈색으로 윗입술은 스트레이트, 아랫입술은 아웃 커브로 바르고 흰색 펄 립스틱을 중앙에 더 넣어 리치한 감각의 세련미를 더한다.

f) **액세서리** : 고급스러운 느낌이나 개성있는 디자인의 액세서리로 세련미를 더한다.

그림 5-14.
합리적이고 세련된 도시 여성의 아름다움과 일에 대한 정열이 느껴진다.

그림 5-15.
소피스티케이티트 이미지는 간결하나 자연스러운 느낌과는 반대로 전문가로서의 자신감과 감성과 이성이 조화된 아름다움을 전해준다.

7. Dramatic Make-up

드라마틱은 '극적인', '연극의', '무대상의'란 뜻을 의미하는 말로 드라마틱 타입의 여성은 마치 연극무대의 주인공처럼 어디를 가든지 두드러진다. 모던하고 도시적이며, 결단력과 자신감이 넘치는 퍼스낼리티가 개성이 된다.

스트레이트하고 샤프한 라인, 강약이 있는 디자인, 기하학적인 디자인이나 큰 어깨 패트에 대담하고 드라마틱한 무늬나 손으로 그린 대담한 무늬, 기하학적 무늬, 지그재그 모양, 불규칙한 패턴, 검정 바탕에 메탈릭 무늬 등이 드라마틱한 연출을 창출하는 요소가 된다.

그림 5-16.
무대에 오른 여배우처럼 자신의 개성을 물씬 뿜어내는 자신감 넘치는 메이크업

* Make-up의 특징

연극 무대위 메이크업 같은 느낌의 두껍고 매트한 피부표현과 뚜렷한 눈썹, 아이섀도에 긴 속눈썹, 광대뼈를 강조하고 입술은 강하고 깊이 있는 색이나 아무것도 하지 않은 듯이 표현한다.

너무 혼란스러워 가까이 다가가기 어려운 느낌이 들지 않도록 주의한다.

그림 5-17.
뚜렷한 눈썹과 아이섀도, 연관성이 없어 보이는 배색과 강한 하이라이트는 여전사같은 생동감 넘치는 드라마를 만들어 낸다.

a) **피부** : 스틱이나 크림 파운데이션을 사용하여 두껍고 완벽하게 커버를 하고 연핑크톤으로 하이라이트를, 2~3톤 어두운 갈색으로 쉐딩을 넣어 볼이 들어가 보이도록 하고 투명파우더로 매트한 느낌이나도록 덧발라준다.

b) **눈썹** : 각이 진 눈썹으로 진하고 두껍게 그려준다.

c) **눈** : 흰색 섀도를 펴바른 후 하늘색으로 바탕색을 칠하고 청회색이나 청색으로 포인트를 넣어준 후, 흰색 펄섀도로 눈썹에 하이라이트를 넣어 강한 대비를 나타내도록 한다.

그림 5-18.

단조로움에는 마침표를.

d) **볼** : 핑크나 복숭아색으로 혈색을 주며 볼이 들어가 보이도록 연출한다.

e) **입술** : 빨강이나 핑크펄 등으로 강렬하게 표현하거나 아주 연한 베이지를 사용하여 창백하게 표현한다.

f) **헤어** : 어시메트리 *asymmetry*한 스타일이나 스트레이트 커트를 뒤에서 묶거나 아래로 늘어뜨린 스타일로 과장되거나 어수선하게 표현한다.

g) **액세서리** : 메탈 액세서리, 날카롭게 빛나는 보석, 손으로 염색한 대형 스카프 등

h) **대표인물** : 쉐어, 팔로마 피카소, 그레이스 존스, 바브라 스트라이전트, 신디 로퍼.

그림 5-19.
새로운 활기에는 느낌표를.

8. Mannish Make-up

매니쉬는 '남자와 같은 여성' 이란 의미를 갖는 말이다. 패션에서 보면 남성복 디자인을 여성복 디자인에 이용하는 스타일을 가르키며, 1930년대의 영화스타 디트리히가 입었던 판탈롱수트가 그 기원이라 볼 수 있다.

매니쉬는 여성의상 디자인에서 꾸준한 생명력을 갖는 패션 주제로 1930년 당시 디트리히에 입혀졌던 신사복 타입은 남녀평등을 주장하기 시작한 시대상을 배경으로 한 것이 특징이었다. 말하자면 여성도 남성복장을 함으로써 남성적 우월감을 감소시키고 남녀평등을 주장하려 했다.

그림 5-20.
샤넬이 여성의 바지를 정장으로 디자인한 이후 남성적인 이미지는 활동적인 여성의 이미지와 동의어로 사용되었다.

그것은 여성다움을 돋보이게 하기 위해서 남성복 차림을 한다는 역설적인 생각, 바로 그것이다. 디자인 발상법 중 '반대법'에 근거한 의미있는 얘기다. 안에 있는 것을 돋보이게 하기 위해서 안에 있는 성격과 반대의 것으로 둘러 싸는 것이 효과적인 때도 있다.

여성다운 엣센스를 표현하기 위해 주변에 있는 것을 전부 여성다운 것으로 채우는 방법도 있지만 때로는 그와 반대의 것을 대비시켜 효과를 끌어내는 경우도 있다. 그러나 현대의 매니쉬 감성은 품위와 격조의 상징으로 중후한 멋을 즐기려는 의도에서 다양한 감각으로 발전되고 있다.

* Make-up의 특징

되도록 색상은 많이 사용하지 않고 갈색이나 회색을 조금 사용하여 약간의 음영을 넣어주고 윤곽을 수정하므로 심플한 매력을 돋보이도록 한다. 매트한 느낌으로 마무리 하는 것이 효과적이다.

a) **피부** : 모델의 피부색 보다 한톤 어두운 베이지색 파운데이션을 얇게 펴바른 후 투명파우더로 가볍게 눌러 투명감있는 피부로 표현한다.

b) **눈썹** : 직선적인 느낌이 나도록 그리거나 조금 굵게 각이 지도록 그려준다.

c) **눈** : 엷은 갈색이나 회색으로 베이스를 깔아준 다음 진한색으로 포인트를 좀더 넣어 눈전체에 음영을 넣어준다.

d) **볼** : 생동감을 주기 위해 연한 갈색에 붉은기를 약간 섞어 음영을 만드는 정도로 마무리한다.

e) **입술** : 매트한 느낌의 자연스러운 베이지 컬러로 스트레이트형으로 그려 담백한 이미지로 연출한다.

f) **헤어** : 짧은 커트머리나 긴머린인 경우 올백으로 넘겨 하나로 묶어준다.

g) **액세서리** : 모자, 안경, Tie, 선이 굵은 구두 등으로 남성미를 돋보이도록 한다.

Tribune
Makes Plea to Moscow

그림 5-21.
여성의 남성적 본성 곧 애니머스 *animus*적인 이미지는 여성성의 이미지를 반어법으로 보여준다.

Ⅵ. 아트 메이크업
Art Make-up

1. 아트 메이크업의 개념

2. 아트 메이크업의 표현방법

3. 아트 메이크업의 유형

4. 아트 메이크업의 응용

그림 6-1. 봄의 향연(상상의 나래)
봄의 싱그러움을 자연의 색채와 질감을 이용하여 인체에 표현함

1. 아트 메이크업의 개념

1) 아트 메이크업의 정의

아트 메이크업이란 메이크업 아티스트가 인체 위에 시각적인 표현을 통해 창의적이고 독창적인 예술작품을 창조할 수 있는 메이크업의 영역이라 할 수 있다. 아트 메이크업에 대한 사전적 정의를 살펴보면 "얼굴 혹은 신체를 바탕으로 각양각색의 그림, 형태, 장식 등을 이용하여 강한 메시지를 전달하는 메이크업으로 자신의 생각이나 주제를 표현하거나 창의적으로 이미지화하여 메이크업을 예술의 경지로 만드는 분야"라고 정의하였다.

그러나 더 세분화된 아트 메이크업의 정의를 살펴보면 연구자에 따라 그 정의를 조금씩 다르게 표현하고 있으며 그 내용은 다음과 같다. 아트 메이크업의 국소적인 정의로는 "메이크업 아티스트가 인간의 육체를 통하여 시각적으로 창의적이고 독창적인 예술세계를 구현하는 메이크업의 한 영역"으로 보았으며 가장 일반적인 정의로는 "인체에 행해지는 메이크업으로 색 · 표현 · 주제 · 기법 · 재료 등에 구애받지 않고, 단지 예술적 이미지만을 중시하여 인간의 육체를 재조형 한 예술로서 새로운 현상, 새로움의 추구, 새로운 현실성 등을 알리는 것으로 인체에 디자인한 메이크업" 또는 "다양한 개성표현의 욕구에 의해 일반화되고 도식화된 메이크업에 대한 상식을 초월하여, 작가의 주관적 감성을 인체를 통하여 예술적으로 표현한 개념"으로 정의하였다.

광의적 측면에서의 아트 메이크업은 인간의 신체를 이용한 무한한 표현작품의 하나로서 무언의 메시지를 전할 수 있는 예술의 한 장르로 혹은 인간의 미적 본능의 원초적 표현이며 나아가 그 사람의 생각과 느낌을 표현하기 위한 상징적 수단으로서 강한 메시지를 전달하는 과정 또는 주제나 관념을 창의적으로 이미지화하는 과정의 예술이며, 인체를 도구화하여 이미지를 형상화하고 모델과 작가의 정신, 관객, 음향과 무대의 연출이 종합적으로 재구성되는 전위적 종합예술로 정의하였다.

이와 같은 여러 연구자들의 아트 메이크업의 정의를 종합해 보면 아트 메이크업은 "인간의 신체를 매체로 하는 종합적인 표현예술"이라고 정의할 수 있으며 아트 메이크업 작업에 있어서 가장 강렬한 메시지를 전달하는 매체는 바로 인체라 할 수 있다.

그림 6-2.
화려한 형광색을 이용한 아트 메이크업

그림 6-3.
회화적 표현을 이용한 아트 메이크업

2) 아트 메이크업의 특성

아트 메이크업에 있어서 표현 방법의 기본은 신체의 근육을 더욱 돋보이게 하거나 신체 각 부위의 부분적 특성을 개성적으로 표현하는 등 아트 메이크업 아티스트가 인체를 통하여 받은 영감을 표현하는 것을 중심으로 한다. 따라서 지속적으로 생산과 소비를 반복하면서 생동하는 신체는 그 자체가 살아서 움직이는 이동식 동영상 캔버스가 된다.

이러한 일련의 아트메이크업 작업은 예술적으로 표현된 신체가 움직이고 감정을 표현하고 이를 통하여 관객들로 하여금 다양한 예술적 감성을 자극받게 하고 나아가 환희와 카타르시스를 이끌어 내게 된다.

신체에 표현된 아트 메이크업을 통한 감흥은 나아가 예술적 해방과 자유를 추구하게 되며, 신체에 대한 해방과 자유의 추구는 인간의 신체가 갖은 구조적 한계를 벗어나고 싶어 하는 욕망으로서 인간의 신체로 인식되는 보편적인 이미지를 거부하는 것을 의미한다.

결과적으로 아트 메이크업의 신체표현의 특성은 사람의 신체로 상상되지 않는 비상식적이고 비현실적인 이미지들의 조합들을 사람의 신체 일부분에 올려놓음으로서 관객들에게 강한 시각적, 예술적 감성을 자극하는데 있다는 것을 알 수 있다.

그림 6-4.
동양적인 자연 요소를 모티브로 한 아트 메이크업

아트 메이크업은 인간의 미적 본능의 원초적인 표현이며, 나아가 그 사람의 생각과 느낌을 표현하기 위한 상징적 수단으로 오늘날 중요한 예술의 한 장르라 볼 수 있다. 이러한 미적 본능 중 하나인 아트 메이크업은 신체보호, 종교적인 욕구충족, 사회적 지위 등을 표현하고자 하는 것으로부터 시작되었다. 이는 현대에 와서 자신의 외모에 조화로운 색채를 배색하여 화려하게 표현하는 예술작품으로 보다 새롭고 독창적인 디자인을 표현하는 커뮤니케이션 수단으로 활용되고 있다.

아트 메이크업의 토대가 되는 피부는 감정 표현의 수단으로 사용되기도 하는데 격노, 수치, 공포를 느낌에 따라 피부는 새파랗게 되거나 붉어지거나 땀이 나기도 하고, 털이 곤두서는 등 다양하게 변화한다. 또 자기표현의 다양한 형태로 환희, 분노, 투쟁 등의 기분을 전하기도 한다.

아트 메이크업의 표현방법에는 구체적인 표현과 추상적인 표현 크게 두 가지로 분류할 수 있는데 구체적인 표현이란 우리 눈으로 실물을 직접 확인할 수 있는 것을 형상화시키는 것을 말하고 추상적 표현이란 용, 인어, 천사, 감정 등 보이지 않거나 존재하지 않는 상상을 표현하는 것이다.

3) 아트 메이크업의 역사

인간이 언제부터 화장을 시작했는지 그 기원을 밝히는 것은 고대와 현대의 화장형태가 다르고, 그 목적이 여러 가지 형태로 나타나는 등의 이유로 정확히 정의하기가 매우 어렵다. 그러나 지금까지의 연구에 의하면 화장의 기원을 인류의 생존과 같은 시기라고 가정(£)하고 있으며 아트 메이크업 또한 그 시작이 같다고 볼 수 있다. 특히 아트 메이크업은 얼굴에 그리거나 칠하는 것에 한정된 것이 아니라 신체를 아름답게 치장하기 위해 시작한 것이 아트 메이크업의 기원이라 볼 수 있다.

실제로 원시시대부터 자연에서 얻어지는 천연 재료를 사용하여 얼굴이나 몸에 치장을 하여 자기 모습을 변장하였는데 이때의 위장은 수많은 적들이나 동물들로부터 살아남기 위하여 자기를 보호하는 차원에서부터 시작되었고 이후 적을 위협하는 수단으로 변장을 하다가 점차적으로는 남성의 경우에는 자신의 위엄이나 용맹성을 표현하였고, 여성의 경우에는 색료나 향료를 이용하여 자신을 아름답게 치장하고 표현하기 위해 시작한 것이 아트 메이크업의 시초일 것이다.

그림 6-5. 원시 메이크업

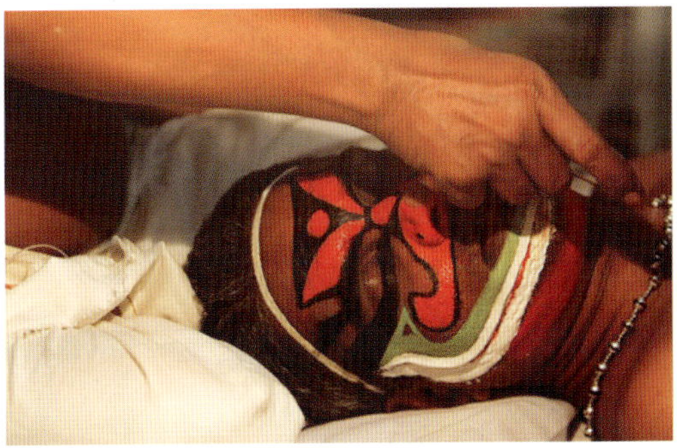

그림 6-6. 인도의 페이스 페인팅

(1) 원시 아트 메이크업

원시인들이 언제부터 신체에 페인팅을 함으로써 미를 표현하고 색을 사용하게 되었는지 모르지만 자신을 아름답게 꾸미고자 하는 원초적 충동을 따랐음이 그 기원임을 추측할 수 있다.

먼저 구석기시대에서는 동굴 벽화와 붉은 황토 및 황토 무덤 도구 위에 놓여있는 유골을 통해 확인할 수 있는데 페인팅 된 조상은 구석기 시대 매장터에서 발견되었다. 또한 구석기 시대에 다채로운 마스크와 신체의 외형 변화 효과는 일상생활로 부터 애니미즘 *animism* 종교의 주술적인 요소를 제거하고 신에게 좀 더 가까이 가도록 했던 것이다.

자연의 색을 이용하였던 치장은 사냥, 원초적 자연 상태의 기초적이고 주술적인 힘들로부터 보호, 다산 숭배의 종교적 목적을 위해 인간, 동물과 식물을 자연계 및 우주와 결속시키기 위하여 사용되었다.

이 후 신석기시대 인간들은 사냥과 채집으로부터 농업과 목축으로 혁명적 변화를 가져왔고 그들은 자신의 신체를 변화시키는 것, 다른 혈연관계와 구별하는 것, 종교적 주술을 위한 것 등 모든 행위들이 구석기 보다 세련되어졌다.

(2) 고대 아트 메이크업

고대의 아트 메이크업은 다른 예술적 표현들이 우발적인 동기에 의한 행위였던 것에 반해 종교나 사회적, 정치적 개념을 가진 특수한 목적을 가지고 있다. 이것은 아트 메이크업에 배경으로 작용되어서 그 이해에 있어 분리될 수 없으며 '상상의 세계' 그 일부로 보아야 한다.

당시 페인팅에 사용된 색들은 근본적으로 모든 것이 하나의 중심세계와 연관이 있다는 개념에서 나오며 신과 성직자들도 그것을 통해서 영혼의 세계가 조직되고 표현된다고 생각하였다. 고대인들은 페인팅을 통해 현세와 내세가 서로 왕래한다고 믿었고 모든 현상은 인간이 노력하여 얻어낼 수 있는 초자연적인 힘에 의해 열려있다고 믿었다.

춤, 노래, 육체적 장식과 색칠의 모든 것들이 모두 의학이며 수호, 영혼, 은총을 얻기 위한 행위이자, 믿음이라 여겨졌다. 이러한 고대의 아트 메이크업 중 이집트는 문명적으로 커다란 발전을 했으며, 예술적으로도 가치기여도가 가장 큰 시대로 볼 수 있다.

이집트 시대의 여성들은 스스로 꾸미기를 즐겼고, 완성된 단계의 메이크업은 현대 메이크업의 시각에서 비추어보아도 손색이 없을 정도로 매우 우수하였다. 여성의 경우 아름다워지려고 하는 미의 추구는 절대적 염원이기 때문에 이를 충족시키기 위해서 BC 5세기경에 화장품이 생겨나게 되었는데, 처음에는 식물에서 추출한 천연물질과 어패류나 돌가루 등의 광물질에서 추출하여 사용하였다. 이 후 점차적으로 화장품이 발전하면서 초기 이집트 왕조 전기시대부터 화장품의 용기와 도구 또한 제작되고 사용하였다.

이집트인들은 몸과 마음을 깨끗이 하는 것을 필수 조건으로 여겼으며 화장은 주로 여자들사이에서 발달하였고, 향이나 몰약을 사용하였으며 많은 노출로 인한 자외선 자극을 회복하기 위해 피부 마사지를 했다. 또한 눈과 눈썹을 길게 보이게 하기 위해 화장 먹을 칠했으며 초록이나 하늘색 아이섀도를 했다. 크레오파트라 여왕시대의 화장에서는 입술화장의 기록이 있는데 입자가 매우 고운 적토를 사용하여 입술과 뺨을 붉게 표현하였다고 한다.

이와 같은 모든 메이크업의 행위는 고대 문명에 있어 가장 발달된 형태의 메이크업으로 보여지며 그 표현방법 또한 제한적이지 않은 아트 메이크업에 가까울 수 있다. 고대인들의 모든 예술적 표현의 양식 중 아트 메이크업은 특별히 정의하기가 어렵지만 이와 같은 표현의 다양함과 과감함은 20세기 메이크업 아티스트들에게 새로운 아트 메이크업의 예술형태에 있어 많은 영감을 주고 있다.

이 후 화장에서 분장으로 발전하면서 고대 희랍시대에서는 자연광선 아래에서 가면극이 행해졌다. 그러나 가면극이 실외에서 실내로 옮겨짐에 따라 가면극이 가지고 있는 단점 중의 얼굴의 변화인 희, 노, 애, 락 등이 한정되게 표현되었기 때문에 그 내용을 이해하는데 많은 어려움이 따랐을 것이다. 이러한 가면극의 특징으로 인해 관객들 호응도가 점차 떨어지고 야외에서 행해진 노천극은 시간이나 날씨 등의 자연적인 제한을 받으면서 점차 실내로 이동하게 되었다. 실내로 이동되면서 여러 가지 단점을 보완하는 차원에서 가루 상태인 안료를 물에 녹여서 죽처럼 만들어 손가락으로 배우의 얼굴에 직접 그리기 시작했다.

(3) 근대의 아트 메이크업

근대에 있어 아트 메이크업은 신분을 나타내는 경우가 대부분인데 그 신분에는 나이를 구별하는 나이집단 표시, 부족을 구별하는 부족집단의 표시, 직업을 나타내는 지위의 표시 등으로 다양하였다. 그것은 페인팅에 나타나는 색으로 구별하기도 하고 선의 형태로 구별하기도 하는데 페인팅에 나타나는 두 개 이상의 색은 그 동기와 해석을 모호하게 하는 동시에 다양한 암시와 깊은 의미가 부여된다.

근대인들은 자신의 창조성과 예술적 자질에 대한 매개로서 자신의 피부를 이용하는데 나무 조각가들처럼 피부의 표피가 갈라진 것처럼 표현하기도 하고 피부의 본성을 바꾸는 것으로써 예술적 표현을 한다. 장식된 피부는 몸을 생동감 있는 조형물로 바꾸어 놓고 하나의 예술작품으로 창조된다. 그들이 표현하는 육체의 의식적인 디자인은 비정형화된 자연스러움과는 확연하게 구별되는데 인간다운 문화의 표현으로써 확실히 특색을 이룬다. 이 예술의 규칙은 시대나 지역의 성격에 의해 변형된다.

(4) 현대의 아트 메이크업

오늘날 아트 메이크업은 예술성을 추구하는 메이크업으로 표현상의 어떠한 구속도 받지 않는 실험적인 조형예술의 한 장르로 발전하고 있다. 마치 화가들이 다양한 소재를 이용하여 그림을 그리듯이 모델의 얼굴과 몸에 예술적 감각을 표현하기 위해 전통적이고, 전형적인 메이크업의 틀을 벗고 그 한계를 넘는 것이다.

현대에서 표현되고 있는 아트 메이크업의 경향을 보면 단순한 인간의 모습으로부터 탈피하려는 욕망으로부터 비롯된다. 현대의 아트 메이크업은 사이버적인 경향이 강해지고 있으며 이로 인하여 특수효과를 활용한 아트 메이크업이 등장하고 있다.

작품들을 살펴보면 인체에 행해지는 메이크업으로 색이나 표현, 주제, 기법, 재료 등에 구속을 받지 않고 단지 예술적인 이미지만을 중시하고 있다. 그리고 이들 대부분은 많은 예술사조와 흐름을 같이 하고 있으며, 특히 포스트모더니즘과 초현실주의적 경향의 작품들이 많이 나타나고 있다.

그림 6-7. 초현실주의적 아트 메이크업

2. 아트 메이크업의 표현방법

1) 발상의 개념

발상은 어떤 생각을 해낸다는 의미이며, 디자인 컨셉 *concept*보다 앞서서 일어나는 과정이라 할 수 있다. 아트 메이크업을 행할 때, 발상의 순서는 창의적인 아이디어를 먼저 생각해 내고 주제에 따른 메이크업 재료와 그 밖에 스타일링을 위한 독특한 소재들을 찾아내고 이를 통한 형태를 구성하여 독창성 있는 디자인을 하는 것이 중요하다.

이를 위해서 일상의 모든 일이나 사물들을 재해석해서 보고 분석하며, 또한 이들을 재구성하는 훈련들이 도움이 된다. 예를 들어 자연을 소재로 하여 디자인하는 것이 목적이라면 일상에서 지나쳐버렸던 주변의 나무들도 관찰을 통해 스케치하여 자료를 모으거나 사진들을 스크랩하여 그 자료들의 선과 질감, 색감들을 다시 관찰하고 작성하면 자신이 표현하고 싶은 컨셉 *concept*도 정리가 되면서 그 동안 미처 떠오르지 않았던 새로운 이미지를 만들 수 있는 것이다.

이렇게 디자인을 위한 자료들을 모으는 작업에 충실해야 하며 이러한 노력 가운데 새로운 아이디어가 떠오를 때는 메모나 스케치하는 습관을 가지는 것이 디자인 발상에 큰 도움이 된다.

2) 발상의 조건

위에서 언급한 바와 같이 어떤 창의적인 디자인을 위해서는 여러 소재나 개념들을 자신의 디자인 주제에 맞게 다시 재구성하는 작업이 중요하데, 이를 위해서는 시각 뿐 아니라 청각, 후각, 촉각 등 주변에서 접해지는 여러 감각들을 통한 경험도 아이디어의 소재로 이용하면 더 넓은 의미의 독창적인 디자인을 할 수 있다. 이를 위해서는 다음의 몇 가지 조건을 충족시켜야 한다.

첫 째, 창의적인 발상을 하기 위한 의도가 확실하게 세워져 있어야 한다.

둘 째, 아이디어가 독창적이어야 한다.

셋 째, 주제와 관련된 자료뿐만 아니라 주제와 관련하여 고정관념을 뛰어 넘은 소재 등 다양한 자료 수집이 필요하다.

넷 째, 자료에 대한 전문적인 지식이 뒷받침 되어야 한다. 예를 들어, 바디페인팅 디자인을 위한 아이디어 발상을 위해서는 무엇보다 인체의 골격과 근육의 생김새와 움직임 등에 대한 이해가 필요하다.

다섯째, 좋은 작품을 완성하기 위해서는 끊임없이 새로운 것의 시도를 통한 경험이 중요하므로 이를 얻어내기 위한 계속적인 도전정신이 필요하다.

3) 발상의 과정

(1) 아이디어의 발상 단계

창의적인 디자인을 위한 아이디어의 발상을 위해서는 먼저 주제를 정하고 자료를 수집한 후 아이디어를 정리하는 단계로 들어가는데, 먼저 중심이 되는 아이디어를 정하고 그 외의 자료나 아이디어는 선별하여 접합시키거나 발전시킬 필요가 있다.

(2) 디자인 발상 단계

무엇보다 작품의 목적과 성격이 우선적으로 확실하게 결정되어야 하며, 그 목표에 맞는 디자인의 방향을 결정한 후, 테마를 정하고, 그에 맞는 자료를 수집하여 이미지 맵을 만든다.

이미지 맵 *image map*을 만들 때에는 디자인 영감의 근원이 될 수 있는 형태나 색감, 질감을 잘 표현하는 것이 중요하다. 이미지 맵을 만드는 과정을 통해 디자인의 테마와 선, 색채가 더 분명해지고 정리가 될 수 있으며 이에 맞게 소품들에 관한 계획도 분명히 정한 후 디자인 작업에 들어간다.

그림 6-8. 아트 메이크업 디자인의 발상 순서

(3) 디자인 발상 유형

앞서 말한 바와 같이 디자인에 있어서 발상은 어떤 '테마'나 '컨셉'을 구체적인 형태나 이미지로 얻어내는 과정으로 발상의 목적과 접근하는 방식에 따라 여러 가지 유형의 발상법이 있다.

연역적 사고법은 일정한 논리적 프로세스에 따라 하나의 정확한 답을 얻기 위한 사고법으로 테마분석, 정보수집, 기획 등 문제의 발견에서 해결까지 진행과정이 세분화되어 단계별 진행 및 이해가 명확하고 논리적이며 진행방법이 순환적이어서 문제의 파악이 명확한 사고 방법이다. 이러한 유형의 사고는 과학적 사고라고 하며, 분석적 · 논리적 · 이성적 · 수리적 · 발견적 측면이 우수하다.

이와 달리 직관적 사고법은 사고자 자신의 경험을 바탕으로 일정하게 계획된 틀 없이 머리속에서 직관적으로 처리하는 사고방법으로 사고의 영역을 확산시켜 명확한 답이 없이 다양한 답을 구하려는 유형이다. 이러한 유형의 사고는 흔히 예술적 사고라고 하며, 상상적 · 경험적 · 가상적 · 직관적 · 심미적 · 종합적 · 발명적 측면이 뛰어나다.

디자인에서 필요한 것은 우수한 직관이지만, 복잡한 문제를 해결하기 위해서는 문제를 명확하게 하기위한 개념적 사고가 선행되어야 한다. 즉, 진정한 의미의 '창조적 문제 해결 프로세스'는 이 두 가지 유형의 접근 방법을 모두 필요로 하는데 문제의 이해 단계에서는 많은 양의 정보를 객관적으로 분석하고 이에 대한 몇 가지 결론을 도달하는 수렴적 사고가 필요하며, 해결의 단계에서는 창의성 있는 아이디어를 가급적 많이 창안해 내는 발산적 사고가 필요하다.

다음은 디자인에 가장 많이 응용되는 몇 개의 발상법을 제시하였다.

① 브레인스토밍 *brainstorming*

브레인스토밍은 1930년대 말 미국의 오스번 *Alex Osborn*이 제안한 방법이다. 이는 두뇌를 폭풍과 같이 빠르고 강하게 회전시켜 아이디어를 점진적으로 발전시켜 나가는 방법인데 크게 2가지 원칙, 즉 판단의 유보와 양은 곧 질이라는 원칙을 가지고 있으며 이를 수행하는 과정에서 지켜야 할 네 가지 기본 규칙이 있다.

네 가지의 기본 규칙은 첫째 비평은 금물이고, 둘째 어떤 자유분방한 아이디어라도 배제되지 않아야 하며, 셋째 가급적이면 많은 양의 아이디어가 요구되며, 넷째 이미 제출된 아이디어들을 조합하고 활용하여 메이크업 디자인의 결과를 도출하는 것이다.

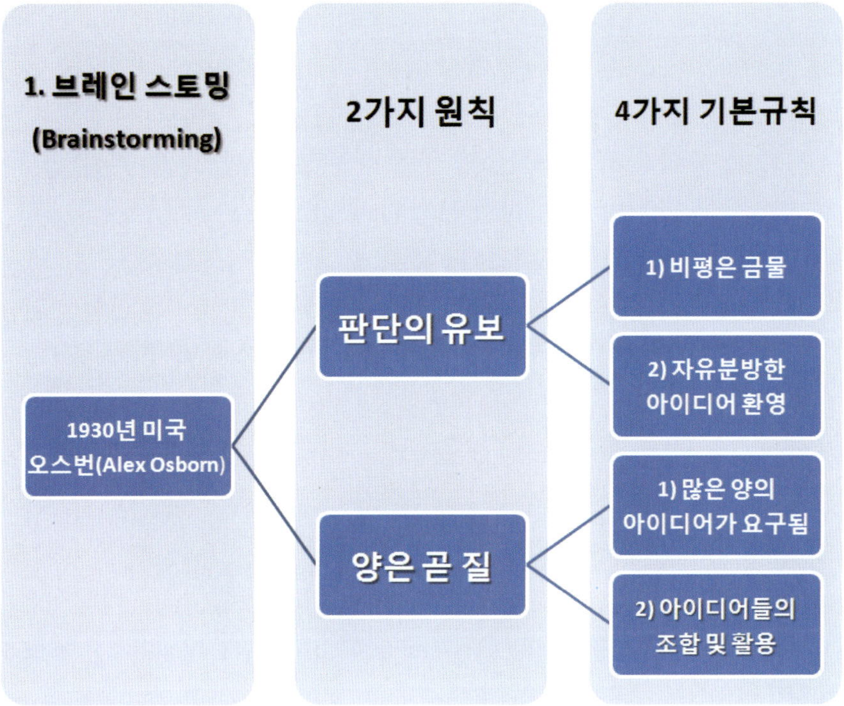

② **수사적 사고법**

수사적 사고법은 논리적인 절차에 의해 창의적인 아이디어를 창출할 수 있는 발상법이며, 누구나 쉽게 배울 수 있고, 메이크업 아티스트들에게 유용하다. 수사적 사고는 그리기 전에 먼저 '생각'하기 위한 것으로 '생각을 어떻게 전개시킬 것인가', '창의력을 위한 상상력을 어떻게 펼칠 것인가' 하는 방식을 제시해 준다.

③ 연상법

발상법 가운데 자주 거론되는 것은 연상을 이용하는 연상법이다. 연상 방법에는 A라는 과제에서 B를 연상하고 다시 B라는 것에서 C를 C에서 D를 연상하는 식으로 직선적 연상으로 연상의 폭을 넓혀가는 연속 연상방법과, A라는 과제를 핵으로 해서 그와 관련 있는 B, C, D, E를 방사선상으로 연상해 나가는 집합 연상방법이 있다.

경험이란 우리가 주변의 사물을 감각으로 받아들이는 과정이고, 개념은 경험을 통하여 얻어지는 사물의 표상이다. 개념적 이미지는 기억 속에 잠재되어 있다가 어떤 관념이 키워드로 주어지면 떠오르게 되는데 이것을 연상이라 하며 연상은 기억 이미지를 재생하는 것으로 연상은 유사성을 이용해 이루어진다.

연상에 의한 발상은 글에 의한 설명 없이 누구든 그것을 보고 비슷한 연상을 해낼 수 있어야 하지만 보는 사람의 상상력을 자극해서 나름대로 해석을 하고 즐기도록 하는데 묘미가 있다.

직선적 연상법

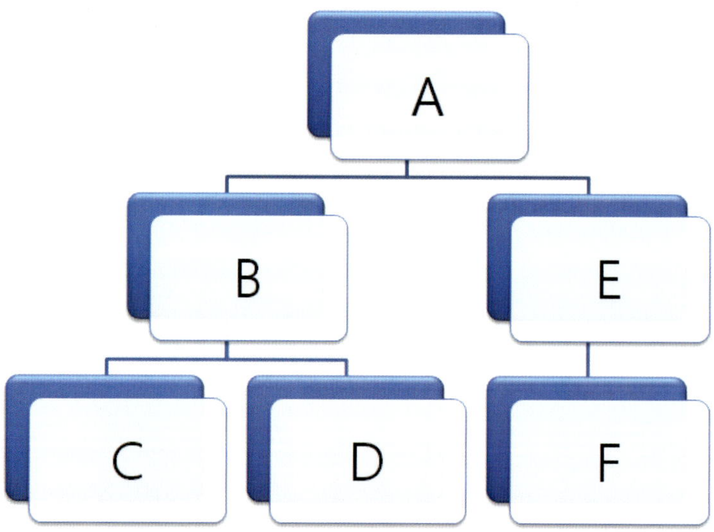

방사형 연상법

(3) 표현방법

발상이 다른 사람에게 전달되어 객관성을 갖고 공감을 얻기 위해서는 어떻게 해야 하나, 표현 내용에 있어서 객관성은 무엇을 의미하며 왜 필요한가에 대하여 이해해야 한다. 따라서 심사숙고 후에 전달할 내용을 정리하여 최소한의 표현 요소로 최대한의 의미를 전달해야 한다.

어떤 표현 방법이든지 절대적인 표현 방법은 없으며 각각의 장 · 단점을 갖고 있다. 그러나 선, 면, 형태, 색채, 질감 등의 디자인 요소와 그 특성에 대해, 변화, 조화, 통일감, 비례감, 반복, 강조 등의 디자인 원리에 대해 이해하면서 표현한다면 훨씬 효과적인 표현이 이루어질 수 있다.

이 두 가지 표현에 있어 중요한 것은 점, 선과 면, 색의 적절한 사용이다. 점, 선, 면은 디자인의 가장 기본적인 요소로서 먼저 점은 크기와 명암에 따라 성격이 달라진다. 점은 크기가 있고, 작은 구체나 입자와 같은 입체가 되기도 한다. 이때 입체는 무게나 질량을 갖는다.

점의 형태는 일반적으로 둥근형이나 다각형 혹은 부정형과 같은 여러 형태를 갖는다. 또한 점은 다른 형과의 관계에 의해 여러 가지 의미가 주어진다. 공간에서 하나의 점이 위치하면 그 부분에는 시각적인 힘이 생기고 주의력이 그 점에 집중된다.

그러나 점의 수가 증가하고 그 배열에 따라 운동감이 생겨나며 서로 긴장감을 주는 구성, 리드미컬한 구성, 그룹을 이루는 형태 등 점의 크기나 형태 외에 어떻게 구성되는가에 따라 여러 조형적인 효과를 나타낼 수 있다. 또한 이러한 점들이 밀집하고 집합되면 곧 면과 형으로 변화한다.

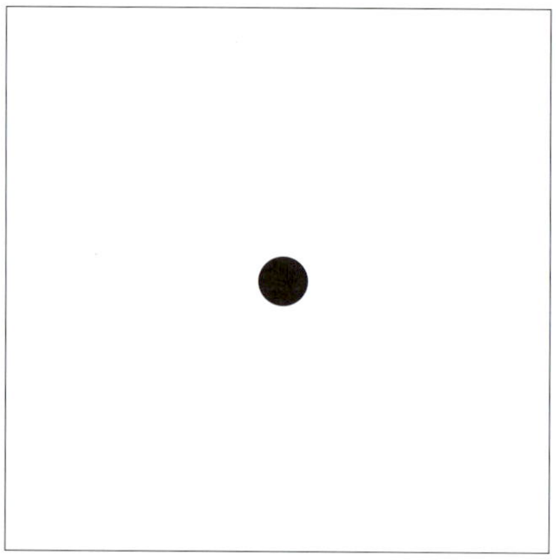

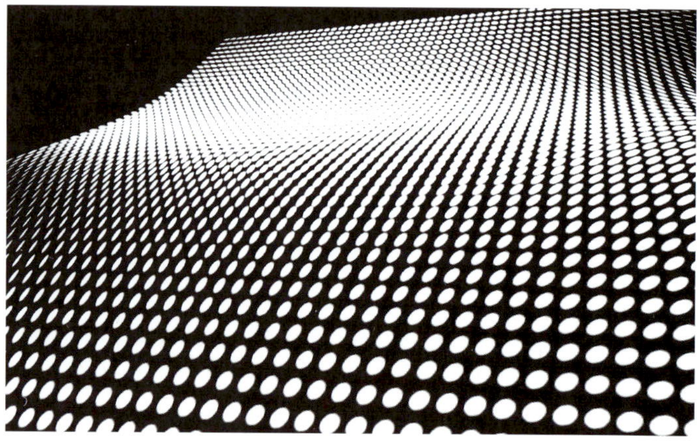

그림 6-9. 점의 특성

그림 6-10.
다양한 컬러 원형을 이용한 아트 메이크업

그림 6-11.
점을 이용한 아트 메이크업

다음으로 선의 사용은 직선의 강하고 기하학적인 느낌과 곡선의 부드럽고 여성적이며 환상적인 느낌을 나타낼 수 있다. 특히 선은 강하게 전달되는 특징이 있기 때문에 선을 이용한 테크닉 또한 강조할 부분이다. 선에도 그 느낌의 강약이 있어서 직선보다는 사선의 느낌이 더 강하게 시선을 집중시킨다.

선은 여러 가지 방법에 의해서 만들어 질 수 있으므로 그 재료와 방법에 따라 선의 성격이 결정된다. 칼이나 가위로 자른 선은 날카롭고 정교한 느낌을 주지만 손으로 찢은 듯한 표현의 선은 둔탁하고 자연스러우며 부드러운 느낌을 준다. 이렇게 다양한 도구에 의해 만들어진 선의 성격에 대한 검토를 통해 선의 표현적 가능성을 예측할 수 있다.

그림 6-12. 선의 조형적 표현

그림 6-13. 선을 이용한 아트 메이크업

6-14.
무한한 선의 표현방법과 재료

그림 6-15. 선을 이용한 바디 메이크업

그림 6-16. 면의 조형적 표현
좌 : 입체도형의 조형적 배열
우 : 피트 몬드리안 *Pit Mondrian*, 1872~1994

선이 모여 면으로써 표현될 때는 면의 크기에 따라 돌출과 진퇴의 느낌, 입체적인 느낌이 표현될 수 있으며 면이 더 큰 경우에는 진출의 느낌이고 면의 면적이 적을 경우에는 후퇴의 느낌이 강하다. 면이 주는 표현효과는 평면과 곡면의 종류에 따라 다르게 나타난다. 그 표현효과는 면을 구성하는 직선, 곡선 각각의 성격을 나타내면서 또는 형태의 방향성에 의해 종합적으로 나타난다.

그림 6-17. 면을 이용한 아트 메이크업

그림 6-18. 면의 규칙적 배열을 인체의 복곡면에 응용한 바디 메이크업

조형적인 작품표현에 있어서는 점, 선, 면이 유기적인 작용을 하고 있다고 볼 수 있다. 조형 디자인에 있어서 형체와 색채의 가치는 질적으로 일치해야 한다. 다시 말해서 형과 색의 표현은 상호작용하여 조화되어야 한다. 이러한 조형적 표현에 있어서 색의 구성, 조화 및 질감의 표현은 새롭고 차별화된 디자인의 실현을 가능하게 해주며 보다 완성된 예술적 표현을 이룰 수 있다.

색은 메이크업을 표현하는데 있어 중요한 역할을 하는데 색의 이미지와 상징이 디자인과 조화를 이루도록 해야 한다. 색채에는 특성이 있어 우리는 색채를 보고 많은 것을 느끼게 되는데 이러한 특성을 지니고 있는 색의 조화나 대비는 색의 사용에서 매우 중요한 부분이다. 따라서 색이 가지고 있는 고유의 상징 성격을 잘 참조하면서 조화나 변화를 통해 예술적 표현을 이루고 고감각적인 이미지 전달을 할 수 있다.

그림 6-19.
점, 선, 면, 색의 조형 요소를 이용한 아트 메이크업

질감은 점, 선, 면, 색채와 더불어 디자인에 있어 아주 중요한 요소이다. 점, 선, 색채에 각각의 특성이 있듯이, 질감도 우리의 감각기관 중 촉각으로 느낄 수 있는 독특한 특성이 있다. 질감은 시각적 질감과 촉각적 질감의 두 가지 영역으로 구분되는데 시각적 질감은 우리에게 익숙한 색과 명도, 패턴의 질감을 만들어 냄으로써 실제로 존재하지 않는 평면적인 질감을 만들 수 있다.

따라서 이러한 특성을 가진 질감은 어떤 대상물을 직접 대하지 않을 경우에도 우리의 기억 속에서 감각적인 반응이나 촉각적인 반응을 불러일으킬 수 있도록 해주므로 질감에 대한 충분한 이해는 아트 메이크업의 표현에 있어 중요한 요소이다. 아트 메이크업에서의 질감 표현은 사용되어지는 재료 및 오브제의 특성에 의해 좌우된다.

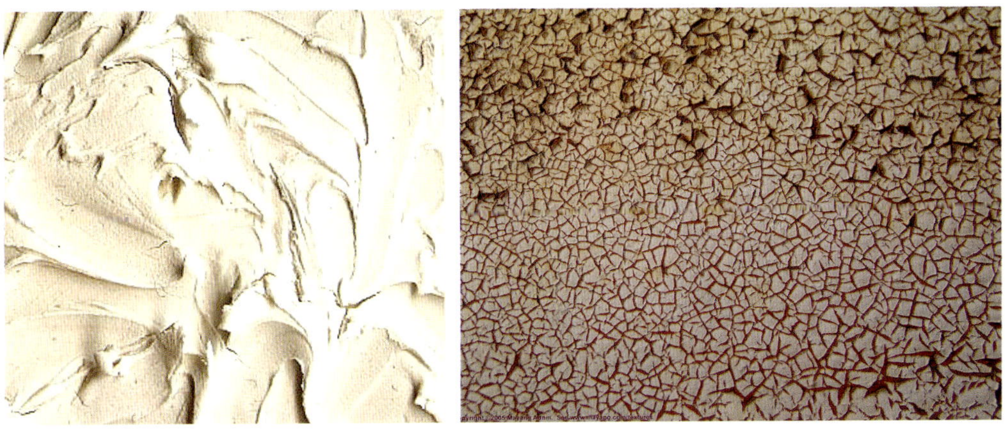

그림 6-20. 시각적 질감의 표현

그림 6-21.
시각적 질감 효과를 이용한 아트 메이크업

(4) 디자인 순서

1. 아이디어의 발상;
   특별한 감동
2. 조형의 요소 및 원리;
   신체 위에 창조되는 세계
3. 이미지의 시각화;
   정확한 시안=일러스트
4. 메이크업 재료와 사용법;
   가변적 속성(메이크업재료의 매력)
5. 기본; 베이스와 파운데이션
   베이스 색상 및 질감
6. 빛과 색채 그리고 질감
   색채 조화 및 디자인
7. 섬세하고 세밀한 표현;
   그라데이션 및 테크닉
8. 자유로운 선택;
   오브제를 이용한 조형개념
9. 이미지의 완성;
   Styling and Imagery

3. 아트 메이크업의 유형

메이크업의 분류는 메이크업의 특성과 목적에 따라 다양하게 분류될 수 있는데 보편적으로 메이크업은 크게 뷰티 메이크업과 스테이지 메이크업으로 구분할 수 있다. 국내에서는 일반적으로 뷰티 메이크업을 화장이라고 지칭하며 미를 추구하기 위한 목적으로 인체를 아름답게 표현하는 행위로 볼 수 있다.

뷰티 메이크업에는 일반적인 내츄럴 메이크업, 계절 메이크업, 웨딩 메이크업, 한복 메이크업, 파티 메이크업 등 다양한 테마가 있다.

다음으로 스테이지 메이크업은 일반적으로 분장이라고 일컬어지는데 일반적인 아름다움이 목적이 아니라 주어진 역할과 목적에 따라 그에 적절한 형태로 인체를 변화시키는 메이크업을 의미하며, 이러한 스테이지 메이크업에는 무대분장, 영상매체분장, 특수분장, 응용분장 등이 있다.

무대분장에는 연극분장, 오페라분장, 뮤지컬, 성극, 마당놀이, 발레 등이 있으며, 영상매체에는 TV, 영화, 광고, 사진 분야 등에 사용되는 분장이 있다. 특수분장에는 상처분장, 수염분장, 노역분장, 보철분장이 있고, 응용분장은 모드 메이크업, 환타지 메이크업, 바디 메이크업과 같이 한정된 범주 안의 분장이 아닌 독립된 작품으로서 보다 확장된 영역의 메이크업을 들 수 있다.

따라서 이러한 구분으로 볼 때 아트 메이크업은 스테이지 메이크업의 한 부분으로서 응용분장의 한 영역으로 아트 메이크업의 특성 즉 인체의 형태와 선의 변화 및 색의 사용을 적절하게 조화시키는 예술로 자신만의 개성미와 독창성을 표현하는 회화적 특성을 가지고 있다. 즉, 아트 메이크업은 모드 메이크업, 환타지 메이크업, 바디 메이크업의 유형으로 분류될 수 있다.

1) 모드 메이크업

모드 메이크업이란 패션 메이크업과 같은 의미로서 메이크업에 패션 및 예술의 의미를 부여한 것으로 단순히 인체를 아름답게 꾸미는 차원이 아니라 의상, 헤어스타일, 액세서리 등 토탈 패션의 요소로서 자신의 가치관, 기호, 상황 등을 표현하는 도구이며 자신이 속한 사회, 문화와의 교류를 의미하는 차원으로 확대된 아트 메이크업이라 볼 수 있다.

패션쇼에는 그 시대의 흐름을 반영한 미의식을 표현하는 유행사조가 있으며, 그것은 패션쇼의 패션과 메이크업을 통해서 나타난다. 따라서 현대의 모드 메이크업 표현 경향은 모델을 아름답게 만드는 뷰티 메이크업에서 벗어나 패션 컨셉에 맞추어 얼굴 및 신체를 하나의 표현의 장으로서 생각하는 경향이 두드러지며, 더욱 더 다양한 스타일로 발전되고 있다.

그림 6-22. 모드 메이크업

2) 환타지 메이크업

환타지 메이크업은 다양한 소재를 이용하여 강하면서도 화려하고 과장되게 이미지를 표현하여 작품의 효과를 높이고자 하는 기법이다. 먼저 환타지의 어원을 살펴보면 "터무니 없는 공상, 종잡을 수 없는 상상이나 즉흥적인 착상, 즉 계획된 디자인의 흥미로운 발명"을 뜻한다. 즉 자신이 상상하는 것을 구체적인 소재를 사용하여 표현하는 것과 추상적인 소재로 표현하는 두 가지로 나누어 볼 수 있다. 이는 실제와 상상의 세계를 교합하는 추상적인 존재, 동물들의 형상화, 현실과 초현실을 연결하는 도구로서 표현되어 왔다.

· 환타지 메이크업은 새로운 컬러로 새로운 방법을 시도하는 것이 좋으며, 디자인의 완벽한 배치를 결정하기 위해 얼굴의 기본 구조를 이해하여야 한다. 즉, 얼굴 골격과 윤곽에 따른 자연스런 액센트를 줄 수 있는 디자인을 계획해야 한다.

· 중요한 포인트는 색상이 두드러지게 하는 것이며, 만약 강렬하고 파격적인 효과를 내고 싶다면, 초록색, 밝은 노랑, 감청색을 사용하거나 빨강/초록, 주황/파랑, 노랑/보라와 같은 보색을 이용할 수 있다. 좀 더 온화한 효과를 내고 싶다면 청록색, 라임그린 *lime green*, 짙은 자주색을 사용할 수 있다.

· 하나의 주제가 가장 효과적이며 다음 예시의 주제에 따른 아트 메이크업을 계획하도록 한다.
  – 빛 / 불꽃놀이 / 폭포 / 줄기와 잎, 꽃 / 줄무늬 / 별 / 구름 / 소용돌이 /물고기 / 나비 / 기하학적인 도형 / 거미줄 / 마스크

그림 6-23. 환타지 메이크업

그림 6-24. 환타지 메이크업

3) 바디 메이크업

(1) 바디 메이크업의 개념

바디 메이크업은 인간의 몸을 대상으로 일정한 재료와 양식, 기교 등을 사용하여 미를 창조하고 표현하는 인간의 활동이나 산물로 규정할 수 있다.

인간의 신체는 20세기 말 포스트모더니즘적 *postmodernism* 사고가 곳곳에 등장함에 따라 이전까지만 하더라도 소외와 무관심의 대상이었던 것들이 새로운 가치를 부여받으며 등장하기 시작했고, 이러한 사회적 분위기 아래 인간의 몸에 대한 인식에도 변화가 일기 시작했다. 이러한 관심은 인간의 내적 이미지의 세계를 신체에다 표현하는 바디 메이크업이라는 예술 장르를 새롭게 부각시키게 되었다.

바디 메이크업의 개념을 보다 명확히 규명하기 위해 각 연구자들이 제시하는 정의들을 살펴보면 다음과 같다. 연구자에 따라 바디 메이크업은 20세기 말에 갑자기 등장한 분야가 아니라 문신이나 가면의 형식을 통해 오래 전부터 인류의 역사와 함께 지속되어 온 문화라 정의 하였고, 혹은 바디 메이크업이란 인간의 신체에 시각적으로 표현할 수 있는 모든 방법을 동원하여 이미지를 형상화하는 의식화된 행위이자 표현의 양식이요 예술과 인간이 조화된 독창적 예술이라 하였다.

페인팅의 한 분야, 즉 미술분야의 하나로서 이해된 바디 메이크업 정의는 무용영역이 아닌 미술분야에서 인간의 몸이 예술의 행위자인 동시에 표현의 재료로서 나타나는 예술의 형태라 정의하거나 예술가가 신체를 표현과 조형의 매체로써 사용하는 미술형태이라고 하였다.

또는 바디 메이크업을 신체 미술적 관점에서 해석하고 있으며 사전적 의미의 바디 메이크업은 인간의 신체에 행해지는 장식품과 장식물, 즉 '신체를 새롭게 만드는 모든 것을 포함한 말이며, 그것은 영구적인 문신, 브랜딩, 상처나 또는 일시적으로 행해지는 페인팅 *Painting*이나 채색을 의미한다.' 고 하였다.

따라서 바디아트는 인간의 몸을 대상으로 어떤 일정한 재료와 양식, 기교 등을 사용하여 미를 창조하고 표현하는 인간의 활동이나 산물로서 인간의 신체를 형상화하는 예술분야의 하나이며 인간의 몸이 예술의 행위자인 동시에 표현의 재료로서 나타나는 예술형태라고 정의할 수 있다.

(2) 바디 메이크업의 발달 단계

사람의 몸을 미적 표현도구로 이용하는 바디 메이크업은 문명의 여명에서부터 시작하여 발전, 쇠퇴를 거듭해오면서 역사 속으로 사라져 갔으나 1966년 아트 디렉터인 리트 *Martin Ritt*에 의해 새롭게 현대적 예술로 표현되기 시작하였다.

바디 메이크업이 예술의 표현 양식의 하나로 자리매김할 수 있었던 것은 바디 아트의 영향이 무엇보다 결정적인 요인으로 작용했다고 볼 수 있다. 바디 페인팅과 바디 아트는 일반적으로 비슷한 개념으로 사용되기는 하지만 이 두 가지 장르는 동일한 개념은 아니다.

바디 아트는 바디 페인팅에 비하여 급진적인 표현양식으로 관념적인 성향을 띄고 있으며, 시각예술에 있어서 하나의 새로운 양식적인 흐름을 형성하면서 전통적인 바디 페인팅의 방법론에 다양하고 복잡한 영향을 미치게 된다. 바디 아트에서 발견되어지는 종교 제례적인 그림들은 신화를 현실로 끌어내리고, 문명으로 오염되지 않은 원초적인 세계로 향하는 문을 열어 보이며 현대 소비사회의 소외의 영향으로부터 인간을 해방시키려고 하는 '예술과 삶의 조화'에 대한 시도인 것이다.

이러한 예술과 삶을 조화시키려는 시도들은 전통적인 바디 페인팅에서도 나타나는 것으로 바디 아트에 의해 보다 현대적인 예술론으로 전개되었다. 그러나 이러한 바디 아트의 새로운 미학은 바디 페인팅의 표현 형식에 영향을 주어 현대 바디 페인팅의 새로운 양식적 흐름을 형성한다.

특히 1950년대 말의 이브클라인 *Yves Klein*의 「인체측정」 시리즈들은 인간을 '살아있는 붓'으로 사용하는 극단적인 표현방법을 만들어내었고, *Vienna* 행위 예술가 그룹이 제시한 바디아트의 미학적 기준들과 함께 사람의 몸을 직접적인 예술의 표현도구로 사용하는데 있어서 교과서적인 방법론을 확립하였다.

이러한 극단적인 예술의 형식을 통하여 바디 아트는 인간소외의 문제에 대한 하나의 반영이 되어 인간 신체의 순수성과 원초성을 회복하고 존재의 조화와 균형을 찾는 계기를 마련하는 예술이 되었다.

현대 바디페인팅의 다양한 표현 양식은 이러한 바디 아트의 미학을 통해 보다 분명하게 이해될 수 있으며 모델, 관중이 함께 어울어진 종합예술이라 할 수 있다. 국내에서도 근래에 들어 바디 메이크업에 대한 활발한 움직임을 보이고 있으며, 바디 메이크업이 지니는 독특한 특징을 부각하여 광고나, 홍보 또는 퍼포먼스와 패션쇼, 각종 예술 부분에서 이용하고 있다.

그림 6-25. "*The western world today*"
1950년 후반부터 "*Yves Klein*(1928~1962)"은 다양한 재료와 테크닉과 인체를 이용하여 종이와 켄버스위에 그림을 그렸다. 위 그림은 인체를 대고 그 가장자리에 에어브러시를 뿌려서 만든 작품이다.

그림 6-26. 페이스 페인팅

그림 6-27. 바디 메이크업

그림 6-28. 바디 메이크업

(3) 바디 메이크업 디자인하기

① 디자인 자료

· 자연으로부터의 양식화 – 동물, 물고기, 새, 곤충 등의 형태와 문양 이용
· 기존 예술작품으로부터의 장식화
· 작가의 예술적 감성과 메시지의 시각화

② 기타 효과

바디 메이크업을 관객 앞에서 연출하려면 작가의 메시지를 효과적으로 전달하기 위하여 음악, 율동, 조명, 소품과 장신구, 특수효과 등을 필요로 한다.

③ 바디 메이크업의 순서

a. 정한 주제에 따른 자료 수집
b. 대상의 구체적인 특징 파악
c. 남 · 여의 신체적인 특징을 파악하고 인체의 근육과 골격의 흐름을 이용하여 디자인한다.
d. 전체적인 형태의 작품구상을 위해 인체의 정면, 뒷면, 측면의 그림을 캔버스 위에 스케치하고 채색해 본다.
e. 흰색 펜슬로 스케치한 것에 따라 인체 위에 전체적인 윤곽을 그려준다.
f. 수성 타입의 아쿠아 컬러나 유성 타입의 컬러 크림을 이용하여 페인팅용 브러시나 스펀지로 큰 면적부터 페인팅하며 섬세한 부분은 작은 브러시를 이용한다.
g. 엷은 색상부터 칠을 하다가 진한 색상으로 옮겨가며 물의 양을 적절히 조절하면서 그라데이션한다.
h. 모델의 골격 구조와 이미지에 맞추어 페인팅을 끝내고 흰색과 검정색으로 마무리하여 음영효과를 살려준다.
i. 효과적인 표현을 위하여 펄 파우더나 반짝이를 부착시킨다.
j. 컨셉에 어울리는 소품을 통하여 토탈 코디네이션 한다.

※ 바디 메이크업 적용시 주의점

– 전체적인 조화와 좌우대칭, 즉 균형이 중요하다.
– 오랜 작업시간이 요구되므로 적절한 시간 분배가 필요하다.
– 페인팅을 할 때의 붓 자국은 같은 방향으로 한다.
– 작가에 따라 순서가 얼굴 – 상체 – 다리, 혹은 상체 – 다리 – 얼굴 두 가지로 행해지지만 공통점은 모델의 휴식을 위하여 엉덩이부분은 가장 마지막에 표현하도록 한다.

4. 아트 메이크업의 응용

1) 아트 메이크업의 도구 및 재료

(1) 아트 메이크업의 도구

① 브러시

아트메이크업에 사용되는 브러시는 페인팅물감을 이용하여 인체에 다양한 표현을 하는 도구로서 면을 칠하는 용도의 납작한 브러시와 끝이 둥근 브러시, 세밀한 곳을 칠하기 위한 끝이 뾰족한 브러시 등으로 그 형태와 크기가 다양하며 사용 면적과 표현 효과에 따라 브러시를 적절하게 선택하여 사용한다.

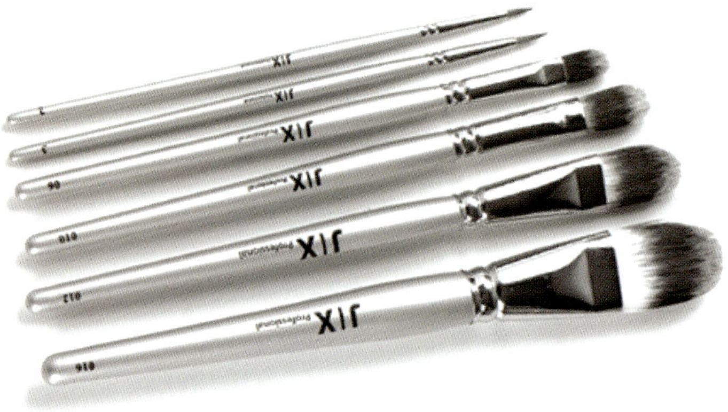

그림 6-29. 아트 메이크업 브러시

② 스펀지

스펀지의 종류는 스펀지의 크기와 모양, 재질, 표현 효과에 따라 다양하게 구분되며 사용되는 제품과 용도에 따라 여러 용도의 스펀지를 적절하게 선택하여 사용하도록 한다.

그림 6-30. 여러 종류의 스펀지

③ 물통

아트 메이크업의 표현에 있어서 아쿠아 물감을 사용할 경우 브러시를 세척하기 위해 사용되며 표현의 재질이 유성물감일 경우 브러시 클린저를 이용하여 세척하도록 한다. 디자인에 적합한 색을 정확하게 표현하기 위해서는 브러시의 세척이 가장 중요하다고 볼 수 있으므로 물이나 브러시 클린저를 자주 갈아주어 청결하게 사용하도록 한다.

④ 팔레트

아트 메이크업의 컬러 제품을 혼합하거나 보관할 때 사용하면 편리하며 팔레트를 사용하면 물감의 농도를 용이하게 조절할 수 있다.

그림 6-31. 팔레트

⑤ 기타

인체를 이용하는 예술적인 표현인 아트 메이크업에 있어서 브라캡과 팬티는 모델의 주요 부분을 커버하기 위해 사용하며, 인체와 비슷한 컬러의 제품을 이용하면 표현의 제한을 줄일 수 있다.

그림 6-32. 아트메이크업 소품

(2) 아트 메이크업의 제품

① 아쿠아컬러

수성타입의 컬러 제품으로 물에 개어서 사용하며 유성타입의 제품보다 그라데이션의 표현이 용이하며 빠른 시간에 마르고 메이크업을 지우기가 용이하여 아트메이크업에서 가장 보편적으로 사용되고 있다. 최근 다양한 색상 뿐 아니라 형광색의 제품도 개발되어 다양한 색채의 표현이 가능하지만 유성타입의 제품에 비해 발색이 뛰어나지 못하다. 그러나 제품의 보관이 손쉽고 제품의 보관이 손쉽고 경제적으로 사용할 수 있다.

그림 6-33. 여러 색상의 아쿠아 컬러

② 아쿠아크림

수성타입의 제품이지만 그 특성이 크림형태로 되어 있어 사용 시 물을 섞어 사용하지 않아도 되며 발색이 뛰어나고 작업이 간편하다. 제품의 특징은 색상을 사용할 때의 발색과 마른 후의 색상 변화가 적어 색의 정확한 표현이 가능하며 색의 선명도가 오래 지속되어 효과적으로 사용될 수 있다.

그림 6-34. 아쿠아크림

③ 아쿠아렐

수성타입의 액체 형태로서 제품을 충분히 흔들어 준 뒤 사용하며 물에 섞을 필요 없어 사용이 간편하다. 주로 라인이나 점 등의 액센트나 섬세한 부분을 묘사할 때 사용한다.

그림 6-35. 아쿠아렐

④ 유성물감

오일타입의 제품으로 보통 슈프라 컬러 혹은 그리스 페인트라고도 하며 발색력이 좋으나 쉽게 묻어나는 성질이 있어 메이크업의 지속성이 낮다. 작업 후에 파우더를 사용하여 지속성을 높일 수 있으나 파우더의 색상 선택에 주의하여야 한다.

촬영이나 공연이 끝난 후 메이크업 클렌저를 이용해야 하며 수성 물감에 비해 클렌징 과정이 어렵다.

그림 6-36. 유성물감

⑤ 글리터

아트 메이크업에서 효과적이고 입체적인 표현을 가능하게 해 주는 제품으로 글리터의 반짝임을 이용하여 작품을 화려하게 표현할 수 있으며 제품의 형태에 따라 파우더 타입의 글리터와 젤 타입의 글리터로 나뉘며 파우더 타입의 글리터는 입자의 크기와 형태에 따라 다양한 종류가 있다.

그림 6-37. 파우더 타입 글리터와 젤 글리터

⑥ 리퀴드 바디 파운데이션

일반적으로 가장 많이 사용하는 파운데이션 타입으로 바디 메이크업에서는 바디 전체에 넓게 펴 바를 때 용이하며 스펀지를 이용하면 손쉽게 바를 수 있다. 바디의 전체 베이스 색상을 보정하고자 할 때 주로 사용된다.

⑦ 흰색펜슬

인체에 작품을 표현하기위한 기초 스케치를 위해 필요한 것으로 채색단계를 위해 흰색 펜슬을 이용하며 정확한 드로잉을 위해 너무 무르지 않은 것을 선택하여 사용한다.

⑧ 오브제

예술적인 표현을 위해 여러 가지 다양한 소재를 이용하며 주로 인조 속눈썹, 비즈 스톤, 천, 구슬, 조화 등을 사용한다.

⑨ 특수 보철물

특수 분장에 쓰이는 특수 효과나 특수 보철물을 이용하면 고정관념에서 벗어나 새로운 전위적인 표현, 미래지향적, 초현실적인 표현이 시도될 수 있다.

2) 오브제의 응용

오브제는 라틴어의 *'Objectum'* 에서 기원된 말로서 '앞으로 던져진 것' 이라는 뜻이며 객체 또는 대상이라는 의미로 사용된다. 따라서 오브제의 사전적 의미는 '보여 지거나 만져지는 혹은 다른 방법을 통해 인식되는 것과 주체가 안주할 수 있는 물질 또는 정신' 이라고 할 수 있다.

아트 메이크업에 있어 오브제의 개념은 기법이나 재료의 제한을 없애고 일상의 사물에 예술적 가치를 부여하여 새로운 조형개념을 형성하는 것으로 이러한 오브제는 현대 아트 메이크업에 영향을 미쳐 소재의 확장과 새로운 디자인에 대한 상상력과 아이디어를 제공하고 있다.

현대 아트 메이크업의 오브제는 메이크업의 조형성을 표현하기 위해 기존에 사용되었던 제품 외에 종이, 금속, 레이스, 깃털, 천, 펄, 반짝이, 꽃, 스팡클, 비즈 등을 이용해 다양한 기법으로 표현되고 있다. 오브제는 작가의 표현에 적합하다면 어떠한 것도 소재로 가능하며 메이크업에 적용되어 모든 사물을 제한 없이 부착하여 조형적으로 표현 할 수 있다.

그림 6-38. 여러 가지 비즈를 이용한 아트 메이크업

그림 6-39. 깃털을 이용한 아트 메이크업

그림 6-40. 종이를 이용한 아트 메이크업

그림 6-41. 인조 속눈썹과 아크릴을 이용한 아트 메이크업

그림 6-42. 금속을 이용한 아트 메이크업

찾아보기

INDEX

참고문헌

· 내면의 미를 창조하는 메이크업 연구(1996)/ 김현남/ 명지대 교육대학원 석사논문.
· 동서양 화장문화에 관한 연구(14~18)(1992)/ 세종대 가정학과 석사논문.
· 디자인의 발상(2003)/ 김인혜/ 미진사.
· 마뀌아쥬예술(2007)/ 한명숙/ 청구문화사.
· 멋 5000(1980)/ 전완길.
· 메이크업과 패션/ 김희숙 · 이은임/ 수문사.
· 메이크업 경향에 관한 연구/ 김수진/ 상명대 석사논문.
· 미용학사전(2003)/ 한국미용학회 편/ p. 573.
· 복식미학(1982)/ 조규화/ 수학사.
· 뷰티 디자인과 색채학(2000)/ 이영애 외 3인/ 청구문화사.
· 색채와 메이크업에 관한 연구(1998)/ 이귀영 · 전선정/ 영동전문대학 논문집 제24집.
· 색채의 예술/ 요하네스 이덴, 김수석 역/ 지구문화사.
· 색채표현(1997)/ 신재식 편역/ 조형사.
· 서양과 한국 인물화에 나타난 미인상에 관한 연구(1997)/ 안형경 · 이귀영/ 동남보건전문대학 논문집 제15권 제1호.
· 서구여성의 머리형태 변천에 관한 연구(1994)/ 전선정/ 이화여대대학원 석사논문.
· 서양복식문화사(1990)/ 정홍숙/ 교문사.
· 서양복식사/ 신상옥/ 수학사.
· 선을 강조한 아트 메이크업에 관한 연구(2004)/ 김양은/ 창원대학교 산업정보대학원 석사학위논문.
· 스타일 메이크업(2005)/ 오세희/ 성안당.
· 아트 메이크업 일러스트레이션에 관한 연구 : 표현주의 회화를 중심으로(2003)/ 김예성/ 한성대학교 예술대학원 석사학위논문.
· 아트 메이크업에 있어서 컴퓨터 그래픽의 활용방안(2007)/ 최은숙/ 한성대학교 예술대학원 석사학위논문.
· 이집트 장식문양을 응용한 현대 아트 메이크업 연구(1995)/ 김영경/ 이화여자대학교 석사학위논문.
· 우리나라 전통화장문화에 관한 연구(1991)/ 이화여대 석사논문.
· 우리나라 전통화장문화에 관한 연구(1991)/ 이경자 · 송민정/ 복식 17호.
· 이집트 장식문양을 응용한 현대 아트 메이크업 연구(1995)/ 김영경/ 이화여자대학교 석사학위논문/ p. 28.
· 20세기 화장의 변천에 관한 연구/ 김희숙/ 미용학회지 2호.
· 20세기 서구여성의 머리형태 변천에 관한 연구(1994)/ 안현경/ 이화여대대학원 석사논문.
· 20세기 화장문화에 관한 연구(1996)/ 조은별/ 이화여대 의류직물과 석사논문.
· 20세기 양식/ 베비스 힐리어, 조규화 역/ 수학사.
· 20세기 미용에 나타난 오리엔탈리즘(1997)/ 안현경 · 이귀영/ 한국미용학회지.
· 1950년대 영화 의상과 메이크업의 분석에 관한 연구(2000)/ 박윤심/ 한성대 예술대학원 패션예술과.
· 17세기 바로크 양식에 나타난 메이크업에 관한 연구(1999)/ 이영애 · 이귀영/ 한국미용학회지.
· 제5권 제최신화장품학(1998)/ 양덕재/ 장업신보.
· 컬러리스트(2005)/ 김기창/ 도서출판 국제.
· 태평양 50년사(1995)/ 이승희/ (주)태평양화학.
· 토털 코디네이션(1999)/ 전선정 외 4인/ 청구문화사.
· 토탈 패션으로서의 메이크업에 관한 연구(1994)/ 강병식/ 홍익대학교 산업미술대학원.
· 패션경향에 따른 메이크업에 관한 연구(2003)/ 김교희/ 대구가톨릭대학교 디자인대학원 석사학위논문.
· 패션 머천다이징/ 이호정/ 교학연구사.
· 한국과 서양의 화장문화사(2000)/ 김희숙/ 청구문화사.
· 한국미용학회(2003)/ 미용학사전.
· 한국목식붕속사연구(1998)/조효순/ 일지사.
· 한국분장예술/ 강대영/ 지인당.
· 한국생활문화 100년(1995)/ 전완길 외 8명/ 장원.
· 한국여성의 메이크업 조형성에 관한 연구(1993)/ 이화순/ 홍익대 산업미술대학원 석사논문.
· 한국여성의 화장문화에 관한 연구(1998)/ 최영경/ 이화여대대학원 석사논문.
· 한국장업50년사(1996)/ 대한화장품공업협회/ 장업신보.
· 한국장업사(1986)/ 대한화장품공업협회/ 장업신보.
· 한국전통화장풍속사에 관한 연구 복식(1989)/ 김은주/ 13호.
· 한국 · 중국 · 일본 여성의 색조화장문화(1997)/ 송보영/ 경희대대학원 박사논문.
· 한국화장문화사(1987)/ 전완길/ 열화당.
· 해방 이후 한국여성 화장변천 및 특성에 관한 연구/ 김희숙/ 복식학회지 32호.
· 현대 아트 메이크업의 회화적 경향과 기법에 관한 연구(2002)/ 노희영/ 한성대학교 예술대학원 석사학위논문.

· 현대 패션모드(1996)/ 정상호/ 교문사.
· 화장문화사/ 김희숙/ 청구문화사.
· 화장술의 역사(1998)/ 시공 디스커버리 총서.
· 화장품의 세계/ 김명자/ 정음사.
· 화장풍속사(1982.9)/ 전완길/ 월간약국.
· 화장품의 세계/ 김명자/ 정음사.
· 화장품연감/ 화장품공업협회/ 화장품 신문사.
· 西洋化粧文化史/ 青木英未/ 原流社.
· 中國歷代婦女裝節(1992)/周汎, 高春明/ 學林出版社.
· 大「顔」展圖錄(1999)/ 石井禮子, 木村政司, 森山 代子/ 集巧社.
· Airbrush and Make up/ Jos Brands/ Kryolan Gmbh, Paierstrlo.
· ALLURE/ 2009.07.
· ART MAKE-UP(2006)/ 김영숙 외/ 예림.
· BAZAAR/ 2007.07.
· Beaute du siecle/ Nathalie Chahine 외/ assouline.
· Body paint portfolio Vol. 01. 02.
· Changing style in Fashion/ Maggie Pexton Murray/ Fairchild Publication.
· Cubism and Orientalism in Art Deco(1994)/ 이귀영, Sally Kinsey/ Syracuse University.
· Decorated Skin/ Thames and Hudson/ Karl Groning.
· elegant bride/ 2009. winter.
· Face Forward(2000)/ Kevyn Aucion/ Little, Brown and Compaing.
· Film and Television Make up/ Herman Buchman.
· http://desktoppub.about.com
· http://hellokat.wordpress.com
· http://media.photobucket.com
· http://media.picfor.me
· http://model.ctv.ca
· http://thegalactica.com
· http://www.artfromcode.com
· http://www.ehow.com
· http://www.flickr.com
· http://www.kiprint.com
· In style/ 2009.07.
· La Tnbulet Tatuaggio/ Lyra Libri/ Rufus C. Camphau.
· Makara/ Realisees Par le groupe/ dessain et tolra.
· MAKARA de la lonpagnie 여 TERRAIN VAGUE.
· Make up forever 홍보자료(1999. 겨울)/ Make up Foreve 미용연구과.
· Make Up your Mind by Francois Nars 1(2001)/ Nars Cosmetics. Inc/ Power House Books(N.Y.)
· Make up(2001)/ 김효정/ 학연사.
· Make up II(2000)/ 김경순 외 3인/ 청구문화사.
· Making up by Rex/ Diana Lewis Jewell.
· Masks(1994)/ Jhon Mack/ British Museum Press.
· Maquillages Visaes/ Sophie Lecomte/ Savoir Creer.
· Pro-Art.
· The Art of Make-up(2003)/ 이화순 외/ 형설출판사.
· The Body Art(2006)/ 한명숙 외/ 청구문화사.
· The Face is a Canvas/ Irene Corey/ Anchorage Press, Inc.
· Theme Image Feeling/ 도서출판 시대.
· TIME지.
· Total Fashion으로서의 Make up에 관한 연구/ 강병석/ 홍익대 산업미술대학원 산업디자인과 의상디자인과 의상디자인 전공.
· Vogue girl/ 2008.08(No. 78).
· Vogue girl/ 2009.07(No. 89).

저자소개

천지연(서정대학교)
노선옥(강릉영동대학교)
이귀영(신안산대학교)
이영애(강릉영동대학교)
김정희(원광대학교)
강명주(명지전문대학교)
홍수경(동남보건대학교)

도와주신 분들

책표지 : 김영규 교수님(강원대학교)
헤　어 : 김진영 선생님(황현헤어)
드레스 : 황현웨딩
사　진 : 서경택 팀장님(경향미디어 포토)
모　델 : 김태은, 김태희, 오　진
코　디 : 소은희 선생님

FACES in make-up

2001년 2월 10일 초판발행
2003년 8월 30일 제2판발행
2009년 9월 10일 제3판발행
2013년 3월 10일 제4판발행

지은이 : 천지연 · 노선옥 · 이귀영 · 이영애
김정희 · 강명주 · 홍수경
펴낸이 : 이상태
펴낸곳 : 청구문화사
주　소 : 120-831 서울특별시 서대문구 연희 1동 436-1번지
전　화 : 02-332-0541(代)　FAX : 02-337-9577
등　록 : 1990년 11월 2일　제9-247호

가격 35,000원

ISBN 978-89-5616-548-6 93590